화석

글, 사진/장순근

대원사

장순근 ——————————

서울대학교 지질학과와 동대학원을 졸업했으며 보르도(Bordeaux) I 대학에서 지질학을 수학하고 박사학위를 받았다. 현재 해양연구소 책임연구원으로 있다. 저서로 『하얀 지평선』『새로운 남극 이야기』『화석 지질학 이야기』『장순근 박사와 함께 떠나는 과학여행』(전3권) 등이 있으며 『비글호 항해기』를 완역했다.

도움 주신 분 ——————————

강해중 경보화석 박물관 설립자, 김미현 경보화석 박물관장, 김봉균·손치무·정창희 서울대 명예교수, 김정률 한국교원대 교수, 박수인 강원대 교수, 한국해양연구소 신임철 박사, 양승영·임성규·이영길 경북대 교수, 경북대 이융남 박사, 윤선 부산대 교수, 윤혜수 충남대 교수, 이광춘 상지대 교수, 이종덕 전북대 교수, 이창진 충북대 교수, 전승수·허민 전남대 교수.
남아프리카공화국 이스트런던의 마조리 쿠르트내 래티머 박사, 남아프리카공화국 그래햄스타운의 스미스 어류연구소, 미국 캘리포니아 주 리버사이드 시 소재 캘리포니아 주립대학교 매리 드로저 교수, 콜로라도 주 덴버 시 소재 콜로라도 주립대학교 로클리 교수, 로스앤젤레스 시 소재 페이지 박물관, 뉴욕 시 소재 미국 자연사 박물관, 시애틀 소재 워싱턴 주립대학교 토마스 버크 박물관, 영국 카디프 시 소재 국립 웨일즈 박물관, 독일 막스 플랑크 연구소 한스 프리케 교수, 에레부스호 전 선장 알렉스 배제, 일본 지질 표본관.

화석

화석

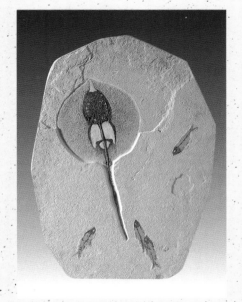

신기하고 아름다운 화석

화석(化石, Fossil)은 고생물학이나 지질학을 전공하는 사람들에게는 귀중한 연구 자료이나 그렇지 않은 사람들에게는 그저 신기하고 아름다운 존재이다. 반짝반짝 윤이 나게 연마한 규화목(硅化木)의 단면을 들여다보면 나무의 나이테와 조직이 어떤 과정을 거쳐 그렇게 아름답게 보존되었는지 신기할 따름이다.

화석이란 무엇인가

화석은 지질 시대에 살았던 생물의 유해나 흔적을 말한다. 화석이라는 단어는 '파다' 라는 뜻의 라틴어 동사 'Fodere' 에서 유래하는데 이는 화석이 바위 속에서 나오면서 생긴 자연스러운 단어로 생각된다. 공룡의 머리뼈와 다리뼈, 등뼈 또는 조개 껍데기 등이 우리가 흔히 알고 있는 화석이다. 은행나무 잎이나 고사리 계통 식물의 잎도 곱게 보존되어 화석이 된다. 한편 고생물학자들은 공룡의 발자국과 배설물 그리고 새 발자국이나 게, 조개의 구멍 등 생물의 흔적도 화석으로 인정해 생흔화석이라고 한다.

매머드 매머드는 수백만 년 전에서 1만 년 전까지 시베리아를 중심으로 한 아시아 대륙과 북 아메리카 대륙에 번성했던 포유동물이다. 미국 자연사 박물관.

오래된 지질 시대의 화석은 굳은 돌멩이로 나오는 것이 보통이나 최근의 화석은 굳지 않고 원래 상태 그대로 나오는 수도 있다. 20세기 초 시베리아에서 발견된 새끼매머드화석은 살이 냉동되어 있어서 사람과 함께 갔던 개가 그 고기를 먹었을 정도였다. 매머드가 얼음 틈에 빠져 몸이 마치 냉동고에서처럼 얼어서 보존되었던 것이다. 매머드는 수만 년 전에서 1만 년 전까지 시베리아를 중심으로 한 아시아 대륙과 북아메리카 대륙에 번성했던 포유동물이다.

한편 광물질이 침전되어 아주 보존이 잘 된 나뭇잎화석처럼 보이는 것도 있다. 이런 것을 덴드라이트(dendrite)라고 하는데 아주 정교하게 세공된 조각을 보는 기분이 들 정도로 치밀하다. 덴드라이트의 성분은 대개는 산화망간이고 진한 갈색으로 바위 틈에 광물질이 흘러 들어 만들어진다.

덴드라이트는 나뭇잎화석과 달리 나뭇잎의 중맥, 세맥 등 그 구조가 보이지 않으며 나뭇잎화석에 비해 보존이 너무 잘 되어 있고 나뭇잎으로 보기에는 너무 복잡하거나 불규칙해 구별이 가능하다. 또 아무리 화석이라도 나뭇잎화석의 표면은 그 주위 부분과 달리 반듯하여 표가 나나 덴드라이트의 표면은 주위 부분과 똑같이 작은 기복이 있어 화학 물질이 침전했다는 것을 알 수 있다.

생물의 흔적

생흔화석은 생물체 자체의 화석과는 다른 특징이자 장점을 가지고 있다. 대부분의 화석은 생물체 자체를 보여 주는데 매머드의 뼈화석이나 성게화석은 각각 매머드 몸체와 성게 자체를 보여 준다. 그러나 물새발자국화석은 물새의 발 자체를 보여 주는 것이 아니라 발의 흔적과 물새의 걸음걸이를 보여 준다. 공룡의 발자국화석도 마찬가지이다. 따라서 발자국화석은 발뼈화석과는 다르며 뼈화석과 다른 귀한 학술적인 가치가 있다.

간혹 예외가 있으나 거의 모든 화석은 주인공이 살았거나 죽었던 바로 그 자리에서 화석으로 되지는 않는다. 다시 말해 살았거나 죽었던 자리에서 옮겨가 화석이 된다. 냇물에 떠내려가 호수 바닥에 가라앉거나 강물에 흘러내려가 하구 밑바닥이나 바다 밑바닥에 쌓여 화석이 되는 수가 많다. 그러나 생흔화석은 주인공이 흔적을 만들었던 바로 그 자리에서만 화석이 되며 그런 점에서 생흔화석의 가치는 더욱 높다. 물새발자국화석도 그렇지만 게구멍화석이나 지렁이, 벌레가 기어간 자국의 화석도 바로 게가 살았던 자리와 지렁이나 벌레가 기어갔던 자국이 그 자리에 보존되어 화석이 되었다.

공룡발자국화석 약 20개의 백악기 공룡발자국화석이 나타나 있으며 썰물 때 패인 발자국에 바닷물이 고여 있다. 사진 제공 김정률.

벌레가 기어간 자국의 화석 벌레가 기어갔던 흔적을 보여 주는 화석으로 옛날의 환경을 보여 주는 학술적 가치가 높다.

신기하고 아름다운 화석

규화목이란 나무의 주성분인 셀룰로오스가 이산화규소(SiO_2)로 바뀌어도 나무 조직은 그대로 남아 있는 나무화석을 말한다. 잘 들여다보면 나이테 뿐만 아니라 옹이가 보이고 가지를 알아볼 수 있으며 껍질을 알아볼 수 있는 규화목도 있다. 현미경으로 보면 물관부와 체관부를 구별할 수도 있다. 물론 온대 지방과 열대 지방의 나무를 구별할 수 있으며 나무의 종류를 알 수도 있다. 규화목은 나무화석이라고는 하나 바위인지라 차고 무겁다. 한편 규화목을 모르는 사람에게는 규화목이 통나무로 보이기도 한다. 실제로 어느 기중기 기사는 규화목이 통나무인 줄 알고 기중기로 가볍게 들어올리려다 기중기가 앞으로 기울어지면서 규화목을 떨어뜨려 규화목의 길이를 따라 가운데로 큰 금이 가게 했다고 한다. 수천만 년 된 귀한 규화목에 뜻밖의 상처를 입힌 셈이다.

규화목의 크기는 엄청나 굵기가 한 아름이 넘고 길이가 수미터가 넘는 것도 있다. 미국과 아르헨티나에는 넓은 지역에 걸쳐 수많은 규화목이 여기저기 흩어져 쓰러져 있는 규화목 공원도 있다.

아름답고 신기하다는 점에서는 암몬조개도 마찬가지이다. 암몬조개화석을 옆으로 잘라 반짝반짝 윤이 나게 갈아 놓은 단면도 아주 신기하고 아름답다. 암몬조개는 우리가 흔히 생각하는 둥근형과 그 조상인 직선형 등이 있다.

영국 자연사 박물관 앞의 규화목 나무의 조직이 그대로 남아 있는 나무화석으로 잘 들여다
보면 나이테 뿐만 아니라 옹이가 보이고 가지를 알아볼 수도 있다.(위, 옆면)

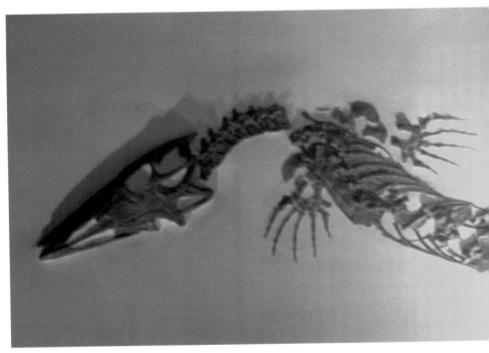

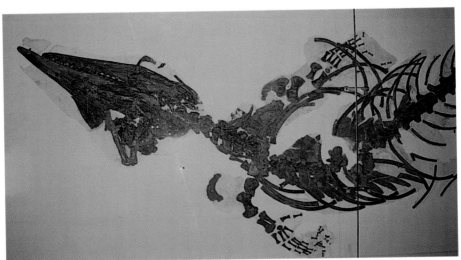

도마뱀골격화석　가늘고 수많은 갈비뼈 하나하나가 또렷하게 보존된 도마뱀화석은 섬칫하고 징그러운 뱀을 연상시키기에 앞서 호기심과 놀라움의 대상이다. 미국 자연사 박물관.(위)

도마뱀의 몸통과 머리화석　미국 자연사 박물관.(옆면)

암몬조개화석 둥근형의 암몬조
개로 빈 내부의 방이 보이며 복잡
한 봉합선이 뚜렷하다. 경보화석
박물관.(위)

암몬조개화석의 단면 껍질 속
각각의 방이 광물질로 채워져 있
으며 봉합선이 비교적 단조롭다.
경보화석 박물관.(왼쪽)

크기도 손바닥만한 것 뿐만 아니라 지름이 2미터에 가까울 정도로 큰 것도 있다고 한다. 암몬조개의 방이 결합된 봉합선(縫合線)도 아주 예쁘고 뚜렷하다. 그 봉합선은 직선 내지는 단조로운 곡선에서 대단히 복잡한 곡선으로 바뀌어 가는데 그 사실이 바로 암몬조개의 진화와 관계된다.

사람에 따라 살아 있는 뱀은 생각만 해도 무섭고 징그럽게 느껴질지 모르겠으나 가늘고 수많은 갈비뼈 하나하나가 또렷하게 보존된 뱀화석은 그 신기함에 홀릴 정도로 하나도 징그럽지 않다. 그런 뱀화석은 섬칫하고 생각하기도 싫은 징그러운 뱀을 연상시키기에 앞서 호기심과 놀라움의 대상일 뿐이다.

살아 있는 화석

화석의 주인공 생물은 아주 오래 전에 멸종한 것이 대부분이나 간혹 지금까지 살아 남아 있는 경우가 있다. 이런 생물들을 '살아 있는 화석(living fossil)'이라고 부르며 실러캔스(Coelacanth)가 대표적인 예이다.

실러캔스는 길이 1.8미터 정도의 질푸른 색깔을 한 바닷물고기이다. 고생물학자들은 실러캔스화석이 고생대(古生代) 중기에 나타나기 시작해 중생대(中生代) 백악기인 약 8천만 년 전의 지층에서 마지막으로 나오는 것으로 보아 실러캔스가 멸종한 것이라고 생각해 왔다.

그러나 놀랍게도 1938년 말 살아 있는 실러캔스가 인도양 해안에서 바다 밑바닥을 끌던 그물에 걸렸다. 이후 남아프리카 코모로(Comoro) 군도 부근의 바다에서 200마리 정도의 실러캔스가 잡혔다. 실러캔스를 확인하는 데 결정적인 역할을 했던 마조리 쿠르트내 래티머(Marjorie Courtenay-Latimer) 박사는 현재 아흔이 넘은 나이에도 건강하게 남아프리카 공화국에 살아 있다.

실러캔스화석 고생대 중기에서 중생대 백악기까지의 지층에서 발견되는 화석이다. 이전에는 화석으로만 알려졌으나 1938년 살아 있는 실러캔스가 발견되었다. 사진 제공 한스 프리케.

복원한 실러캔스 모형(미국 자연사 박물관)

살아 있는 실러캔스(사진 제공 한스 프리케)

오스트레일리아와 남아메리카에 남아 있는 폐어(肺魚)도 살아 있는 화석이다. 폐어는 지금으로부터 4억 년 전인 고생대 중기 데본기에 나타나 거의 멸종했으나 지금까지도 그 명맥을 유지하고 있다. 우리가 집안에서 흔히 볼 수 있는 바퀴도 약 3억 년 전 고생대 말기에 나타나 지금까지 생존한다.

우리 주위에서 흔히 보이는 은행나무도 고생대 말에 나타나 중생대에 크게 번성해 거의 변화하지 않고 생존하는 살아 있는 화석이다. 미국의 대서양 연안에 많지만 우리나라에서는 보기 힘든, 넓적하고 불룩한 뚜껑에 길고 날카로운 창 같은 꼬리가 있어 마치 장갑차같이 보이는 말굽게도 3억 5천만 년 전에 나타나 거의 변화하지 않고 살아가는 살아 있는 화석의 좋은 예이다.

물고기의 머리와 몸통 생물체가 화석이 되려면 몸에 머리뼈나 가시와 같이 쉽사리 부패하지 않는 단단한 부분이 있어야 한다. 미국 자연사 박물관.

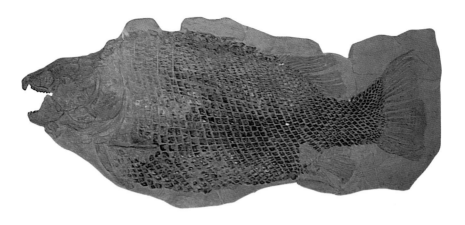

물고기화석　물 속에서는 빨리 진흙에 매몰되어야 생물체를 썩히는 박테리아의 공격을 줄일 수 있어 화석으로 보존된다. 미국 자연사 박물관.

화석이 되는 과정

필요한 몇 가지 조건

생물체가 화석이 되려면 몇 가지 조건을 충족시켜야 한다.

첫째, 생물체의 몸에 쉽사리 부패하지 않는 단단한 부분이 있어야 한다. 화석이 되기에 아무리 좋은 조건을 갖추었다고 해도 부드러운 살이나 연한 부분은 썩어 없어지며 단단한 부분이 화석으로 남기 때문이다. 그러므로 주로 이빨, 머리뼈와 단단한 껍데기 등이 화석이 된다.

둘째, 생물체를 썩히는 박테리아의 공격을 받지 말아야 한다. 물 속에서는 빨리 진흙에 매몰되어야 박테리아의 공격을 줄일 수 있다. 예외적인 경우 기름 찌꺼기가 박테리아를 막는 수도 있다.

셋째, 생물의 몸, 특히 단단한 부분들이 이산화규소나 인산염 또는 탄산칼슘 등 광물질로 바뀌어야 한다. 곧 돌덩이처럼 단단해져야 한다.

넷째, 화석이 된 다음 지하수에 용해되거나 화강암의 관입에 소실되지 말아야 한다. 마그마의 뜨거운 열이나 열수로 용해되거나 변질되면 생물체의 모양이나 흔적이 사라지기 쉽다.

다섯째, 화석이 지각 변동을 받아 깨어져 없어져서는 안 된다. 화석은 지진이나 단층 및 습곡 같은 지각 변동에 파손되거나 변형되는 수가 많다. 실제로 18세기 말 벨기에 탄광에서 발견된 이구아노돈화석뼈는 단층으로 끊어져 세 부분으로 갈라져 나왔다. 마지막으로 화석이 된 다음에는 물론 사람의 눈에 띄어야 한다.

박테리아에게 파먹히지 않으려면

한편 물이 잘 순환되지 않는 늪이나 호수 바닥의 흙 속에는 산소가 거의 또는 전연 없다. 산소가 없으므로 대부분의 생물들은 살지 못한다. 곧 화석 주인공의 몸 속에 있는 미생물을 제외하고는 살을 파먹을 동물이나 박

뼈와 턱뼈 깨어진 금이 보이는 뼈와 턱뼈이다. 뼈는 단단해도 화석이 되면서 깨어진다. 미국 자연사 박물관.

들사슴의 골격화석　플라이스토세의 빙하시대에 북반구에 널리 살았던 사슴으로 '큰뿔사슴'이라고도 한다. 아일랜드에서 완전한 유체가 발견되었다. 미국 자연사 박물관.

테리아가 없다. 그러므로 그런 곳에 빠진 동물의 시체는 아주 보존이 잘
될 것이다.

　20세기 초 캐나다 로키 산맥의 고생대 초기 지층인 검은색 버제스 셰일
(Burgess Shale)에서 발견된 고생대 초기의 화석은 보존이 워낙 잘 되어 동
물의 아주 가늘고 미세한 생체 기관과 조직 하나하나를 알아볼 수 있다.

　흔한 현상은 아니나 화산 지대의 호수는 바닥에서 이산화탄소 등 유해
한 기체가 솟아나는 수가 있다. 만약 이 기체들이 폭발하듯이 솟아오른다
면 그 일대 생물들은 일시에 중독되어 비명조차 내지 못하고 죽음을 당할
것이다. 실제 서아프리카 카메룬에서 1986년 주민 1천7백여 명과 소, 닭, 개

등 많은 수의 가축들이 이산화탄소에 중독되어 죽었던 적이 있었다. 당시 일대의 땅 위에 있었던 모든 생물들은 물론 사람과 동물들의 시체를 파먹을 생물도 죽어 없어졌다.

지질 시대에도 비슷한 현상이 있었다고 믿어진다. 독일 프랑크푸르트 부근 기름이 섞인 셰일층에서 최근에 발견된 포유동물의 화석들은 보존 상태가 너무 좋아 동물들의 털한 오라기 한 오라기를 구별할 수 있을 정도이다. 박쥐의 화석에서는 죽기 직전에 먹이로 잡아먹었던 나방을 구별할 수 있으며 나뭇잎을 먹었던 동물의 위내용물화석에서는 소화되지 않은 나뭇잎 조직을 알 수 있을 정도이다. 이 동물들도 호수에 물을 먹으러 왔거나 호수 위를 날다가 호수에서 솟아나는 유독 가스에 갑자기 중독되어 죽은 것으로 보인다.

한편 석유가 지상에 노출되어 휘발하고 남은 아스팔트 늪에 생물이 빠지면 이때도 거의 완벽하게 보존된다. 로스앤젤레스 시내에 있는 라 브레아 타르 피트(La Brea tar pit)가 좋은 예이다. 이곳에는 여기에 빠져 죽은 커다란 매머드, 나무늘보, 단도이빨고양이, 늑대, 독수리, 곤충 그리고 버린 것으로 보이는 인간의 유해와 수많은 식물의 씨와 잎이 아주 잘 보존되어 있다.

단도이빨고양이화석 로스앤젤레스 시내에 있는 라 브레아 타르 피트에 빠져 죽어 보존된 화석이다. 화석 주인공의 몸 속에 있는 미생물을 제외하고는 살을 파먹을 동물이나 미생물이 없는 곳에 빠진 동물의 시체는 보존이 아주 잘 된다. 사진 제공 미국의 페이지 박물관.

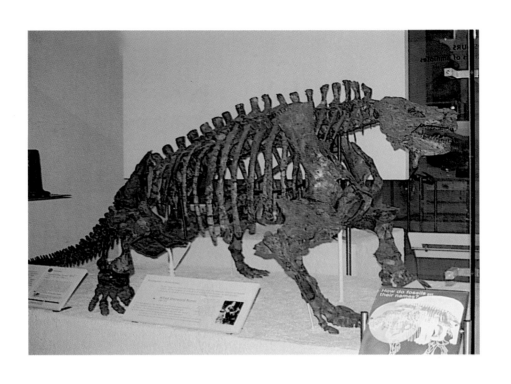

땅늘보골격화석 석유가 지상에 노출되어 휘발하고 남은 아스팔트 늪에 생물이 빠져 거의 완벽하게 보존된 좋은 예이다. 미국 자연사 박물관.(위)

복원한 땅늘보 칠레의 또레스 델 빠이네 국립 공원 입구에 있는 밀로돈 동굴에서 약 8천 년 전의 땅늘보 가죽 조각이 발견되었는데 이것을 토대로 땅늘보를 복원해 놓았다.(옆면)

단단하게 굳어진 흔적

진흙 밭에 찍힌 공룡의 발자국이나 물새발자국이 어떻게 화석이 될 수 있을까?

가랑비가 오거나 물이 조금만 넘쳐도 진흙은 무너질 것이며 발자국들은 소리 없이 사라질 것이 분명하기 때문이다. 그러나 그렇게 되기 전에 해가 쨍쨍 난다면 진흙은 상당히 단단하게 굳어질 것이며 발자국도 굳을 것이다. 그러다 주위에서 갑자기 화산이 터져 발자국이 화산재로 두툼하게 덮인다면 그 발자국은 좋은 보호자를 만나 잘 보존될 것이다.

실제로 지금 미국 네브래스카 주에서 발견되는 상태가 좋은 포유동물들의 화석, 특히 코뿔소 새끼들의 연약한 뼈나 조직이 잘 보존된 화석은 대부분이 화산재로 덮여 만들어진 것들이다. 한편 몽고 고비 사막에서 발견되는 보존이 잘 된 공룡화석들은 갑자기 불어 닥친 모래 바람에 매몰된 공룡들의 화석이다.

고여 있는 얕은 물에 생긴 발자국은 덜 선명해도 물이 마르면 보존될 것이다. 공룡의 발자국화석이 바위에서 발견되므로 공룡이 얼마나 무거운 동물이었길래 바위에 발자국이 남느냐고 의아해할 수 있다. 그러나 공룡이 발자국을 남겼던 곳은 단단한 바위가 아니라 물 밖에 드러나 약간 굳어진 부드러운 진흙 밭이었다. 단지 이후에 그 진흙 밭이 퇴적암이 되면서 고화(固化)되어 지금은 단단한 바위로 우리의 눈앞에 나타났을 따름이다.

한편 공룡이 1억 년 전에 살았다면 그 발자국은 침식되어 없어지지 않았겠냐고 의아해할 수도 있다. 그러나 발자국화석은 1억 년 동안 노출되어 풍화되고 침식된 것이 아니다. 비교적 최근에 지상에 노출되어 침식되고 있는 중일 따름이다. 다시 말하면 그 화석은 오랫동안 바위 속에 있다가 요사이 나타난 것이다.

용암에 덮여 죽은 코뿔소

화석은 퇴적암에서만 발견되는 것으로 알려졌는데 이는 대부분의 화석들은 그 주인공들의 시체가 호수나 바다의 밑바닥에 가라앉아 만들어졌기 때문이다. 그러나 간혹 변성 정도가 낮은 변성암에서 발견되는 수도 있다. 이때는 삼엽충화석이 늘어나거나 비틀어지거나 휘어져 힘의 방향을 보여 준다. 물론 변성 정도가 심해지면 화석은 알아볼 수 없을 정도로 변해 버린다.

또 화석은 예외적으로 화산암에서 발견되는 수가 있다. 갑자기 화산이 폭발하는 경우 부근에 있던 동물들이 미처 피하지 못한다면 화산재 속이나 아주 드물게는 용암 속에 화석으로 남는 수가 있다. 이런 경우 동물체는 뜨거운 열에 타 삭아 없어지고 바위 속에 동물체의 자국만 남게 되어 고생물학에서 말하는 소위 몰드(mould)가 된다.

실제로 미국 시애틀에 있는 워싱톤 주립대학교 토마스 버크(Thomas Burke) 박물관에는 코뿔소 모형이 있는데 이것은 용암에 덮여 죽은 코뿔소 몰드화석에 콘크리트를 부어, 모형 곧 캐스트(cast)를 만든 것이다. 그 코뿔소는 약 1천 5백만 년 전에 흘러내리는 용암에 갇혀 달아나지 못하고 용암으로 덮였던 것으로 보인다. 또는 이미 죽은 코뿔소 시체가 용암으로 덮인 것이라는 해석도 있다.

몰드란 생물체가 완전히 없어지고 생물체를 감쌌던 물질에 남은 생물체의 흔적을 말한다. 한편 모래나 펄이 생물체가 삭아 없어진 빈 공간을 채워 만들어진 생물체의 모형을 캐스트라고 하며 몰드와 함께 화석으로 취급된다.

화석의 가치

지질학이란 학문이 싹트기 시작했을 무렵에는 주로 바위 자체를 기재했다. 바위의 색깔과 광물 입자의 크기나 결정 상태, 두께나 연속 여부 또는 다른 바위와의 관계 등 바위의 산출 상태를 설명하는 것이 주요 연구 내용이었다. 만약 화석이 바위 속에서 나온다면 화석도 지질학의 중요한 연구 자료가 되었다.

그러나 지질학이 어느 정도 발달되면서 화석의 참된 가치를 깨닫게 되었다. 그렇다면 화석은 고생물학 또는 지질학에서 어떤 가치가 있는 것일까?

고생물 자체를 알 수 있다

화석의 가장 큰 가치의 하나는 화석으로부터 그 주인공인 고생물 자체에 관한 정보를 얻을 수 있는 것이다. 과거 지질 시대에 어떤 생물이 있었고 그 생물의 크기와 모양과 생태에 관한 중요하며 일차적인 자료와 정보를 얻을 수 있는 가장 확실한 근원이 바로 화석이다.

육식공룡의 머리뼈 중생대 쥐라기 후기에 번성한 육식공룡인 알로사우루스의 머리뼈이다. 넓고 큰 입에 날카로운 이빨이 많이 박혀 있다. 미국 자연사 박물관.

초식공룡의 머리뼈 바로사우루스의 머리뼈로 섬유질이나 목질부처럼 질긴 먹이를 부수기 위한 이빨을 가지고 있다. 미국 자연사 박물관.

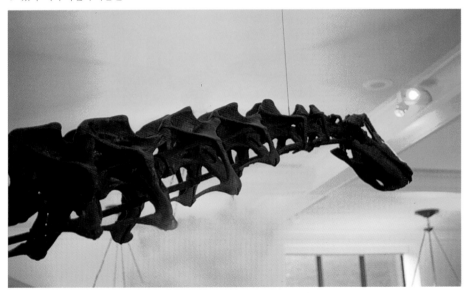

날카로운 이빨이 박힌 공룡의 머리뼈화석으로 그가 육식공룡이라는 사실을 알 수 있고 크기와 몸무게를 상상할 수 있다. 다리뼈화석에 있는 이빨에 긁힌 자국은 그 공룡이 육식공룡에게 먹혔다는 것을 보여 주며, 날카로운 발톱의 흔적이 선명한 공룡발자국화석은 그가 육식공룡임을 말해 준다.

삼엽충화석을 통해서 우리는 삼엽충이 절지동물(節肢動物)이며 바닥을 기어 다녔으며 탈바꿈을 했다는 것을 알 수 있다. 삼엽충은 완전한 개체가 화석으로 나오기도 하지만 수많은 삼엽충 조각들이 화석으로 나오는데 단단한 껍데기를 가진 오늘날의 절지동물들의 대부분이 탈바꿈을 한다는 사실로부터 삼엽충도 탈바꿈을 했다는 것을 알 수 있다. 아주 보존이 잘 된 삼엽충의 눈을 연구해 그 눈이 사방을 볼 수 있을 정도로 성능이 대단히 좋았다는 것도 알아낼 수 있었다.

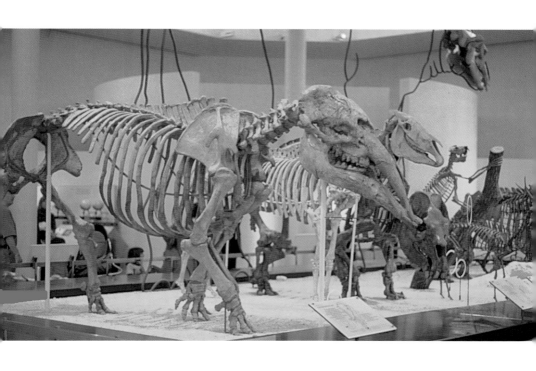

장비류　포유류의 한 종류로 매머드 등 다수의 화석종이 포함된다. 현존하는 동물로는 코끼리가 있다. 초식성이며 윗입술이 뻗어서 된 긴 코와 큰 귀를 가지고 있고 발가락 끝으로 걸었다. 미국 자연사 박물관.

삼엽충화석 고생대에 번성했던 고생물로 절지동물이며 바다에서 서식했다. 흔적화석을 통해 삼엽충이 바닥을 기어 다녔다는 사실을 알 수 있다. 경보화석 박물관.(위)

삼엽충화석 삼엽충은 완전한 개체가 화석으로 나오기도 하지만 수많은 조각들이 화석으로 나오는데 이는 삼엽충도 탈바꿈을 했다는 사실을 보여 준다. 미국 오하이오 주 공식 화석. 사진 제공 매리 드로저.(옆면)

화석이 주인공의 생물학적 정보를 준다는 점에서는 매머드의 골격화석이든, 조개껍데기화석이든, 물새발자국화석이든, 삼엽충이 기어간 자국화석이든 차이가 없다.

생흔화석을 연구하면 다른 화석 연구와 마찬가지로 생물의 종류와 생태 등 주인공의 생물학적 특징을 알 수 있다. 물갈퀴가 보이는 물새발자국화석은 주인공이 물새였고 주위에 물이 있었다는 것을 보여 준다. 또 물고기 가시와 비늘이 섞여 나오는 공룡의 배설물화석을 보아 주인공이 즐겨 먹었던 먹이를 알 수 있다. 배설물의 전체적인 모양에서 주인공의 식성과 내장을 유추할 수 있는 것이다. 풀을 먹는 토끼의 동글동글한 배설물 덩어리와 주로 고기를 먹는 짐승의 배설물은 그 모양과 크기가 다르다. 배설물화석이라고 해서 냄새가 나고 더러운 것이 아니라 단단한 돌멩이일 따름이다.

지층의 지질 시대를 알아

화석이 모여지고 지질학에 대한 지식이 늘어나면서 사람들은 화석의 가치를 다시 알게 되었다. 바로 화석으로 지층이 쌓인 지질 시대를 알 수 있다는 것이었다. 화석으로 지층의 지질 시대를 알 수 있는 근본 원리는 화석의 주인공은 시대가 바뀌면 그에 따라 바뀌며 두 번 다시 나타나지 않는다는 사실이다. 이를 고생물학에서는 '동물군 천이(動物群遷移)의 법칙'이라고 한다.

예를 들어 고생대 초기에는 삼엽충과 완족류(腕足類)가 번성했고 필석류(筆石類)와 물고기류가 나타났으며, 산호와 방추충(紡錘蟲) 등 주로 무척추동물이, 중생대에는 공룡과 암몬조개가 발달했다. 신생대(新生代)에 들어와 포유동물이 발달했고 인류의 조상이 나타났다. 결코 고생대의 무척추동물종이 중생대나 신생대에 다시 나타나지 않으며 암몬조개가 신생대에 다시 나타나지 않는다. 식물군도 지질 시대에 따라 바뀐다는 점에서는 동물군과 마찬가지이다. 이렇게 지질 시대를 알려 주는 화석을 표준(標準)화석이라고 한다.

　지질 시대가 바뀜에 따라 화석이 바뀐다는 사실에서 우리는 새로운 사실을 알 수 있다. 바로 화석을 이용해 먼저 생긴 지층과 늦게 생긴 지층, 곧 지층의 선후(先後)를 알 수 있다는 것이다. 우리나라와 북아메리카는 태평양을 사이에 두고 있으나 두 지역에서 같은 종류의 삼엽충화석이 나오는 지층은 그것이 만들어진 지질 시대가 같았다고 믿을 수 있다. 같은 삼엽충은 같은 시대에만 서식했기 때문이다.

　지질학에서는 이렇게 멀리 떨어진 지층들을 대조해서 비교하는 것을 '지층을 대비(對比)한다'라고 말한다. 화석으로 지층을 대비할 수 있다는 것은 지질학에서는 획기적인 일이었다. 왜냐하면 대륙들이 각기 떨어져 있고 한 대륙, 한 지역에서도 지층이란 연결되지 않는 것이 보통이기 때문이다.

　지층이 비록 연결되지 않더라도 화석으로 지층의 시대를 알아 비교할 수 있다는 것은 화석의 새로운 가치임에 분명하다. 화석의 주인공이 화석이 되기 전에는 생물로서 환경에 따라 진화하고 조성이 달라지는 등 개체와 군집의 특징이 변하는 경우가 있어 대비라는 것이 그렇게 쉬운 것은 아니다. 그렇더라도 화석으로 지질 시대를 알 수 있다는 것은 화석이 갖는 커다란 장점이다. 화석으로 지층을 대비할 때는 표준화석을 이용하는 수도 많으나 화석의 군집(群集)을 많이 이용한다.

　지질학이 영국을 중심으로 유럽에서 싹텄을 때 지층을 오래된 순서로 1기, 과도기, 2기, 3기로 크게 나누었다. 또한 영국에서 지질학이 가장 먼저 체계적으로 연구되면서 영국에 분포된 지층, 특히 지금의 고생대와 중생대 지층의 이름을 정했다.

고 생 대

산호화석　고생대 초기에는 삼엽충과 완족류가 번성했고 필석류와 물고기류가 나타났으며 산호와 방추충 등 주로 무척추동물이 발달했다. 뉴욕 주립 자연사 박물관.

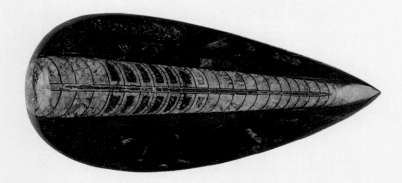

직선형 두족류　두족류화석은 주로 고생대 캄브리아기 이후의 지층에서 나온다. 연체동물 가운데 가장 진화한 형태인 두족류는 현재 세계에 약 650종이 있으나 고생대에는 현저하게 번성했다. 모로코 산출.

삼엽충화석 고생대 데본기 화석으로 머리 부분에서 몸통으로 뻗어 있는 가시가 매우 독특하다. 모로코 산출. 경보화석 박물관.

중 생 대

육식공룡의 골격화석 중생대에는 공룡과 암몬조개가 발달했다. 공포의 육식공룡인 티라노
사우루스의 거대한 골격을 보여 준다. 미국 자연사 박물관.

암몬조개 암몬조개의 크기는 5백 원짜리 동전만한 것에서 지름이 2미터 정도인 것에 이르기까지 다양하다. 둥근형의 화석이 많으나 원시 암몬조개는 직선형이다. 경보화석 박물관.(위) 백악기에 들어서는 비정상적인 암몬조개도 생겨났다. 사진 제공 일본 지질 표본관.(아래)

신 생 대

코끼리 현생하는 코끼리는 2종류에 불과하지만 신생대에는 메리테리움, 마스토돈 등 많은 종류가 있었다는 것을 다양한 화석의 발견을 통해 알 수 있다. 미국 자연사 박물관.(위)

원시 인류와 두개골 신생대에는 포유동물이 발달했고 인류의 조상이 나타났는데 원시 인류는 주로 동물 가죽으로 추위를 막으며 동굴에서 살았다. 미국 자연사 박물관.(옆면)

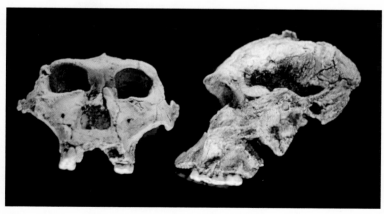

처음에는 고생대라는 이름이 없이 캄브리아, 오르도비스, 실루리아, 데본 등의 이름으로 지질 시대와 지층을 불렀다. 1기는 오늘날의 선캄브리아이며 과도기는 고생대이고 2기는 중생대이다. 지금도 신생대를 제3기와 제4기로 나누는 것은 이때의 습관이 남아서이다.

지질학이 발달하면서 지질학자들은 과거처럼 바위의 색깔이나 두께나 분포로 지층을 나누고 지질 시대를 나눈다는 것이 불합리하다고 생각하기 시작했다. 지층의 색깔이나 두께는 옆으로 가면서 변하고 또 같은 색깔이 여러 번 나오기 때문이다. 반면 화석이 연구되면서 화석의 내용이 밝혀지고 지질 시대가 달라지면서 화석들이 바뀐다는 것이 알려지자 화석으로 지질 시대를 나누자는 의견이 나왔으며 폭 넓은 지지를 얻었다. 이에 따라 고생대, 중생대, 신생대라는 전문적인 용어가 제안되었다. 이때가 19세기 중엽이었다. 삼엽충과 필석류와 완족류 등 대단히 오래되었다고 믿어지는 고생물들이 살았던 시대가 고생대이며 비교적 오래되지 않고 당시많이 연구했던 오늘날의 것과 아주 비슷한 조개들이 나오는 시대가 신생대이고 가운데 시대가 중생대였다.

대(代)는 다시 기(紀)로 나누어지고 기는 다시 세(世)로 세분된다. 이렇게 지질 시대를 세분하는 기초가 되는 것은 각 시대에 나오는 특징적인 화석들이다. 이는 화석의 가치와 용도를 알 수 있는 좋은 예이다.

필석류는 쇠톱처럼 길고 양쪽 또는 한 쪽에 수많은 날카로운 벗이 있는 수센티미터 길이의 화석이다. 필석류의 주인공은 컵이나 튜브 모양으로 연결되어 덩어리를 이루고 살았던 것으로 보이는 강장동물이다. 완족류는 몸 속에 용수철 같은 강모(剛毛)가 나 있으며 조개 같은 껍데기를 한 동물이다. 완족류는 지금도 살아 있으나 식용은 아니다. 방추충은 수밀리미터 내지 1센티미터 정도로 가운데는 굵고 양 옆으로 가늘어지는 실을 잣는 북 모양이다. 바다 밑바닥에 살았던 세포가 한 개인 단세포동물이며 몸은 수많은 격실로 되어 있다.

대(代)	기(紀)와 세(世)			절대연대(1만 년 전)	대표 생물
신생대	제4기	홀로세		1	원시 인류
		플라이스토세		165~1	
	제3기	신제3기	플라이오세	500~165	포유류
			마이오세	2,300~500	
		고제3기	올리고세	3,500~2,300	포유류 조류
			에오세	5,660~3,500	
			팔레오세	6,500~5,660	
중생대	백악기			14,500~6,500	공룡 시조새 암몬조개
	쥐라기			20,800~14,500	
	트라이아스기			24,500~20,800	
고생대	페름기			29,000~24,500	삼엽충 완족류 필석류 방추충 산호 등 무척추동물
	석탄기			36,200~29,000	
	데본기			40,800~36,200	
	실루리아기			43,900~40,800	
	오르도비스기			51,000~43,900	
	캄브리아기			57,000~51,000	
선캄브리아	원생대			240,000~57,000	콜레니아
	시생대			455,000~240,000	박테리아

지질 시대 구분—닐스 엘드리지(Niles Eldredge), 1991년.

지질 시대의 환경을 알 수 있다

우리는 화석으로 그 주인공이 살았던 당시의 환경을 알 수 있다. 생물에 따라 좋아하고 주로 살았던 환경이 다르므로 생물의 유체와 흔적을 연구해 주인공 생물이 살았던 환경을 연구할 수 있다는 것은 자연스러운 결론이다. 어떤 지층에서 바다에 사는 동물들의 화석이 나오면 그 지층은 바다에서 쌓였다는 것을 뜻한다.

강원도 태백산맥은 지금은 해발 천 미터가 넘는 산맥이나 그 곳의 석회암에서 화석으로 나오는 방추충은 얕고 따뜻한 바다에 살았던 동물로 그 곳이 수억 년 전에는 얕고 따뜻한 바다였다는 것을 말해 준다. 그런 바다에 쌓인 퇴적물이 굳어져 퇴적암이 되고 높은 산맥이 되어 지금 우리 눈앞에 나타난 것이다. 넓적한 잎화석은 기후가 비교적 온화했으며 바늘잎 같은 화석은 날씨가 찬 곳이었다는 것을 뜻한다.

메타세쿼이아 소나무과에 속하는 교목으로 중국에서 '살아 있는 화석'으로 발견되었다. 이처럼 바늘잎 같은 화석이 나오는 환경은 날씨가 찬 곳이었다는 것을 뜻한다. 사진 제공 일본 지질 표본관.

또 화석의 조성으로 환경 변화를 알 수 있다. 이는 환경이 변하고 그 환경에 서식했던 생물들의 무리가 달라지면서 얻어지는 자연스러운 결과이다. 바닷물의 수심이 변하면서 태양 광선의 투과와 수온, 염분, 부유물 함량, 퇴적물, 물의 흐름 등이 바뀌면 그 수심에 살고 있는 생물의 조성도 바뀐다.

어떤 지층에서 바닷조개가 화석으로 나오다가 강 하구에 사는 조개가 나오고 이어서 늪지에서 사는 벌레들의 흔적화석이 나오고 다시 강 하구에 사는 게가 화석으로 나오고 그 다음 바닷조개가 다시 나온다면 그 지층이 바다에서 늪지로 되었다 다시 바다로 되었던 곳에 쌓였다는 것을 알 수 있다.

한편 얕은 바다에 사는 동물의 화석이 깊은 곳에 살고 있는 생물의 화석과 함께 나온다면 얕은 바다에 사는 동물들의 유체가 어떤 연유로 깊은 곳으로 흘러내려와 섞였다는 것을 생각해야 한다. 바닷속에서는 저탁류(底濁流)로 인해 얕은 곳에 쌓인 모래와 자갈 및 생물의 유체 등 퇴적물이 갑자기 깊은 곳으로 흘러내려간다. 저탁류는 일종의 해저 사태인 지진이나 해수면의 변동 등으로 일어난다고 알려져 있다.

나뭇잎화석에는 벌레에 파먹힌 자국도 화석으로 남는다. 파먹힌 자국의 크기나 모양 또는 벌레가 파먹은 변두리의 미세한 자국을 연구하면 벌레의 종류를 알 수 있고 그에 부수되는 여러 흥미있는 사항들을 알 수 있다. 이런 점에서 벌레에 파먹힌 나뭇잎화석은 단순한 나뭇잎의 화석을 넘어 나뭇잎을 파먹었던 벌레가 있었고 그런 벌레가 살 만한 환경이었다는 것을 보여 주는 좋은 학술적 자료이다.

이렇게 과거의 환경을 알려 주는 화석을 시상(示相)화석이라고 한다. 만약 화석이 나오지 않는다면 바위의 광물 조성이나 화학적 성분으로 퇴적물이 퇴적된 곳의 환경을 유추할 수 있으나 화석으로 유추하는 것보다는 덜 확실하다.

대륙 이동의 증거

화석은 대륙 이동의 증거가 된다. 곧 지질 시대에는 대륙들이 결합되어 있었다는 것을 보여 준다. 중국과 아프리카 대륙에서 발견되는, 고생대 말에 서식했던 리스트로사우루스(*Lystrosaurus*)라는 파충류의 화석이 1969년 남극 대륙의 한가운데 있는 남극 종단 산맥에서 발견되었다. 이 동물의 화석이 멀리 떨어진 대륙에서 각기 발견된다는 것은 그 동물이 흩어져 살았던 것이 아니라 그 대륙들이 결합된 적이 있었다는 증거이다. 그 대륙에서 발견된 식물화석들과 민물고기화석도 같은 사실을 보여 준다.

과거에는 대서양을 사이에 두고 멀리 떨어진 대륙에서 나오는 화석들을 합리적으로 설명하기 위하여 육교(陸橋)가 있었다고 가정했으며 지금은 그 육교가 가라앉았다고 설명했다. 그러나 육교는 없었고 대륙이 결합되었던 것이다. 지질학에서는 이 거대한 대륙을 판게아(Pangea)라고 부른다.

파충류　지질 시대에는 대륙이 결합되어 있었다. 브라질에서 발견된 물갈퀴를 가지고 있는 이 화석은 고생대 페름기의 화석으로 대륙 이동의 증거가 된다. 경보화석 박물관.

대륙의 이동

가. 2억 2천만 년 전(트라이아스기)

나. 1억 8천만 년 전(쥐라기 중기)

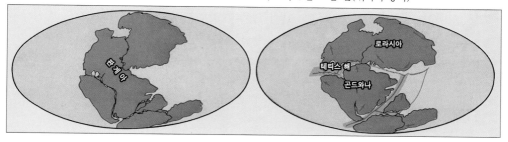

다. 1억 4천5백만 년 전(쥐라기 말기)

라. 6천5백만 년 전(백악기 말기)

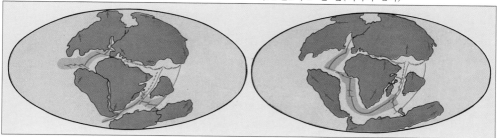

마. 현재

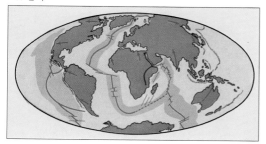

쥐라기 동안 대륙이 갈라지기 시작해 그 일부인 로라시아와 곤드와나가 점차 멀어져 대서양, 인도양, 태평양 등이 형성되었고 현재와 같은 대륙의 형태를 갖추게 되었다.

그러나 약 1억 8천5백만 년 전부터 바다가 가운데에 생기며 본격적으로 갈라져 대륙이 표류하기 시작했다. 남아메리카, 아프리카, 남극, 오스트레일리아, 인도, 마다가스카르 등이 결합되어 남쪽으로 표류한 대륙을 곤드와나(Gondwana) 대륙이라고 하며, 유라시아와 북아메리카가 결합되어 북쪽에 있던 대륙을 로라시아(Laurasia) 대륙이라고 한다. 가운데 바다가 테티스(Tethys) 해이며 지중해는 그 흔적이다. 곤드와나 대륙과 로라시아 대륙은 다시 나누어져 지금 보는 것처럼 대서양과 인도양과 태평양과 남빙양을 사이에 두고 나타난다.

생물이 진화한다는 증거

지질 시대가 바뀜에 따라 같은 계통의 생물이 점점 커지거나 작아지고 기관이 복잡해지거나 단순해지거나 형태가 변한다. 이는 생물이 생명체로서 환경에 맞추어 진화한다는 증거이다. 진화는 추상적이고 막연한 생각이 아니라 진리이다. 바로 생물의 단순한 형태의 변화가 아니라 그들이 지상에서 살아 남으려는 몸부림이기 때문이다.

오늘날의 사람에 비교적 가까운 인류의 조상은 2백만 년 전에 나타났다. 그의 이마는 낮았고 팔은 길었고 자세도 구부정했으나 시간이 가면서 불과 도구를 쓰고 생활 환경이 바뀌면서 이마도 높아지고 뇌용적도 커지고 몸도 균형을 취했으며 자세도 꼿꼿해졌다.

환경에 적응해 생물의 기관이 진화한 대표적인 예가 바로 '진화론'과 『비글호 항해기』로 유명한 영국의 박물학자 찰스 다윈(Charles Darwin, 1809~1882년)이 적도 아래에 있는 동태평양 갈라파고스 군도에서 발견한 다윈핀치(Darwin finch)의 부리이다. 다윈핀치는 참새 크기의 새로 그들이 사는 환경 곧 땅, 나무, 선인장 등에 맞추어 먹이를 잘 먹게끔 부리의 크기와 모양이 진화해 굵어지거나 커지거나 가늘어지는 등 모두 13종이 있다(갈라파고스 군도 7백 킬로미터 북쪽 코코스 섬의 핀치새를 넣으면 14종이다). 선인장 가시로 곤충을 파먹는 딱따구리핀치도 있으며 핀치새는 아니지만 건조한 환경에 적응해 다른 새의 피를 빨아먹는 새도 있다.

비교적 최근에 환경에 적응한 생물로는 아프리카 중부 빅토리아 호수에 살고 있는 시클리드(Cychlid)물고기가 있다. 그렇게 크지 않은 시클리드물고기는 크기, 몸체와 주둥이의 모양에 따라 약 2백 종류가 있는 것으로 알려져 있다. 약 80만 년 전에 낮은 곳에 물이 들어차 생긴 빅토리아 호수는 크기와 수심이 달라지고 그에 따라 호수 바닥에서 생장하는 물이끼가 바뀌고 그를 먹고 사는 물곤충과 물고기의 종류가 바뀌면서 시클리드물고기는 진화하고 있다.

지하 자원을 탐사하는 데 이용

화석의 용도, 특히 화석을 산업에 이용할 수 있는 실질적인 용도는 바로 석유와 천연 가스 및 석탄 등의 지하 자원을 찾는 데 있다. 화석으로 지질 시대와 고환경을 알게 되면 육상에서 상상했던 지질 구조와 퇴적 환경을 확인할 수 있다. 아주 작은 화석을 연구하는 미고생물학(微古生物學)이 석유의 발견과 더불어 급격하게 발전할 수 있었던 것은 바로 석유 개발에서 차지하는 미화석의 가치 때문이다.

석유는 흔히 배사 구조에 부존된다고 한다. 우리는 육상에서 지구물리학적 방법으로 배사 구조를 찾을 수 있다. 그러나 그 방법은 일종의 원격탐사(遠隔探査, remote sensing)이다. 곧 다음 단계로 지층을 직접 시굴(試掘)해 올라온 시료를 가지고 지질학적, 지구화학적, 지구물리학적, 고생물학적으로 분석해 지질 구조를 확인할 수도 있으며 수정할 수도 있다.

고생물학적 분석이란 바로 화석을 연구하는 것으로 지질 시대를 밝혀 지질 구조와 퇴적 환경을 규명하는 과정을 말한다. 시료 속에 포함된 화석을 연구해 지층을 보지 않고 사실과 다르게 설정한 지질 시대와 지질 구조를 바로잡을 수도 있다.

또한 석유는 육상에서는 만들어지지 않는 것으로 알려져 있다. 아무리 지질 구조가 석유가 부존하기에 적합하다고 해도 화석이 가리키는 환경이 건조한 육지라면 석유가 생길 가능성은 거의 없다고 보아야 한다. 물론 석유 탐사는 최소한 지질학, 지구물리학, 지구화학, 고생물학, 컴퓨터공학, 전자공학, 통계학의 모든 분야가 공동으로 수행하는 복합 연구로 하나하나가 모두 중요하며 그런 점에서 화석의 가치를 소홀히 할 수 없다.

화석으로 지질 구조를 규명한다는 점에서 볼 때 화석은 석탄 개발에도 이용된다. 탄층의 발달과 변화를 추적하는 데 지질 조사는 필수적이며 지층에서 많이 나오는 화석은 습곡과 단층 등 지질 구조를 규명하고 탄층의 발달을 밝히는 좋은 안내자이기 때문이다.

우편엽서

주소

성명

□ □ □ - □ □ □

빛깔있는 책들·빛깔있는 사람들

⑭ 대원사

서울시 용산구 후암동 358-17
전화 (02)757-6717(代) 팩스 (02)775-8043
E-Mail : daewonsa@chollian.net
http://www.daewonsa.co.kr

1 4 0 - 9 0 1

※ 유효 기간이 지난 엽서도 우표를 붙이지 않고 사용하실 수 있습니다.

우리시대의 통유(通儒), 최완수 선생과 함께하는
겸재를 따라가는 금강산 여행
명작순례 1·2·3

(주)대원사의 책을 구입해 주신 독자 여러분께 감사드립니다.

대원사는 한국문화 재발굴 한몫에 보탬이 되는 새로운 고유·섬유을 「빛깔있는 책들」, 깊이 있는 인문 교양·실용을 다룬 단행본, 동서양의 문화와 정신 세계를 깊이 있게 다루고 있는 「대원동서문화총서」, 공예와 어린이를 위한 「전화는 책들」을 비롯한 다양한 책들을 발행하고 있는 종합 출판사입니다.

이 엽서는 독자 여러분의 구입 편의(책의 제호, 향후 책들 등)를 제공과 함께 보내시거나 기획·편집 등의 참고 자료로 소중하게 이용됩니다. 죄송하지만 우편엽서나 내셔서 홈페이지(http://www.daewonsa.co.kr)를 통해 가입하실 수 있습니다. 엽서는 별도의 책에 엽을 통한 신간안내도 해드립니다.

대원사에 하고 싶은 말 :

책을 구입하신 동기
□ 서점에서 우연히 □ 광고를 보고 (예: 신간광고   ) □ 주위의 권유로
□ 인터넷 광고를 보고 □ 신간 안내 및 서평을 보고 (예: 신간글   ) □ 기타

책을 읽고 느끼신 점
내용	□ 만족	□ 보통	□ 불만
편집	□ 만족	□ 보통	□ 불만
표지	□ 만족	□ 보통	□ 불만
책값	□ 만족	□ 보통	□ 불만

출간을 희망하는 책의 내용이나 종류

독자 정보
성명 :   성별(남·여)   생년월일 : (양·음)   년   월   일
E-mail :   직업 :   전화번호 :
종교 :   구독신문·잡지 :
구입한 책 제목 :
그동안 구입하신 「빛깔있는 책들」의 권수 :
책을 구입한 장소 :   지역   서점

화석의 발견과 연구

그랜드캐니언에서처럼 고생대의 동물화석이 우연히 발에 밟힐 수도 있다. 그러나 이는 대단히 예외적인 일이며 대부분의 사람들은 힘겹게 화석을 찾아낸다.

그러면 고생물학자와 지질학자들은 어떻게 화석을 찾아내며 연구하는 것일까?

관심이 있어야 한다

지질학자나 고생물학자 또는 화석을 수집하려는 사람들은 우선 화석에 관심을 가져야 한다. 다른 말로 하면 관심이 없으면 있는 화석도 보이지 않는다는 뜻이다. 관심을 가지고 지층과 바위를 들여다볼 때 보이지 않던 화석이 보이고 그와 관계된 다른 신기한 화석들이 잇달아 보이게 되는 것이다.

1973년 여름 경상남도 하동군 금남면 수문동 일대 해안에서 지질을 조사하던 한 고생물학자가 마침내 공룡알화석을 발견했으며 이어서 파충류

익룡발자국화석 해남에서 발견된 이 발자국화석은 뒷발에 짧은 다섯 번째 발가락이 있다는 것이 특이하다. 앞발의 크기는 27센티미터 정도이다. 사진 제공 허민.

의 이빨화석과 공룡뼈와 발자국화석 나아가 공룡배설물화석을 발견했다. 그 결과 지금은 우리나라 삼천포 일대 남해안이 세계적인 공룡발자국화석의 산출지가 되었다. 이러한 사실은 관심을 가지면 화석을 발견할 수 있다는 것을 보여 준다.

1996년 가을 전라남도 해남군에서는 신기한 익룡(翼龍)발자국화석이 발견되었다. 몇 년 전부터 해남군 황산면 우항리에서 발견된 새발자국과 공룡 발자국에 관심이 있던 한 고생물학자가 발자국으로 보이는 이상하게 생긴 화석을 발견하였다.

그는 새와 공룡 발자국은 확실하게 알 수 있었으나 부근에서 함께 나오는 이상한 화석은 동물의 발자국화석이지만 어떤 동물인지는 전혀 상상할 수 없었다고 한다. 그러나 그 이상한 화석은 놀랍게도 하늘을 날아다녔던 익룡의 발자국으로 밝혀졌다.

물새발자국화석　물갈퀴의 흔적이 발가락 사이에 희미하게 나타나는 이 물새발자국화석은 당시 퇴적 환경을 연구하던 한 학자의 노력으로 발견되었다. 사진 제공 전승수.

　　우항리 익룡발자국화석은 많은 기록을 세웠다. 익룡발자국화석이 알려진 것은 세계적으로는 일곱 번째이나 아시아에서 발견된 최초의 익룡발자국화석이며 또한 익룡 발자국 가운데 가장 큰 발자국이다. 발자국의 수도 약 30개로 백악기에서 발견된 발자국으로는 그 수가 세계 최대이다. 해남군은 익룡과 물새와 공룡의 흔적이 같은 지점에서 발견되는 세계에서 유일한 곳이며 학술적으로도 아주 중요하다. 바로 이 세 부류의 동물은 완전히 다르나 같은 환경에서 생활했다는 것을 보여 주는 귀중한 고생물학적 자료이기 때문이다.

　　우항리 익룡화석 앞발의 크기가 27센티미터 정도인 것으로 보아 익룡의 크기는 양 날개를 펼쳤을 때 7미터 정도로 생각된다. 게다가 익룡 발자국 안에 작은 물새 발자국도 있으며 또 주인공 물새가 자신의 발자국 주위를 헤집어 파 놓은 것을 알아볼 수도 있다.

우연히 발견되는 수도 있다

화석은 고생물학이 아닌 다른 분야를 연구하다가 우연히 발견되는 수가 있다. 바로 고생대가 시작하기 직전에 번성했던 에디아카라 동물군화석이 대표적인 예이다. 당시 그 화석군을 발견했던 사람은 폐광이 된 금속 광산을 조사하다가 사암에서 우연히 귀중한 화석을 발견했다.

우리나라에서도 다른 연구를 하다가 좋은 화석이 발견된 적이 있다. 바로 해남군 황산면 우항리의 물새발자국을 발견했을 때의 일이다. 당시 박사학위 준비차 그 곳의 퇴적 환경을 연구하던 학자는 물갈퀴의 흔적이 발가락 사이에 희미하게 나타나는 물새발자국화석을 알아차렸다. 그러나 그는 물새발자국을 논문 내용에 참고하기는 하였으나 자신의 주된 연구 내용이 따로 있어 본격적으로 다루지는 않았다.

1991년 일본 구주에서 열렸던 국제 지층대비학회에 참석한 그는 당시 세계적인 새와 공룡의 발자국 권위자가 논문을 발표한 뒤 그에게 자신의 논문에 등장하는 지역의 슬라이드를 보여 주었다. 그러자 그 외국 교수는 '세계에서 가장 오래된 물새발자국화석' 이라며 깜짝 놀랐다고 한다. 그도 그럴 것이 그 전까지는 신생대 에오세 지층인 미국 와이오밍 주의 그린 리버(Green River) 지층에서 발견된 물새 발자국이 가장 오래된 물새 발자국이었기 때문이다. 그러나 해남군의 지층은 그보다 4천만 년이나 더 오래된 8천만 내지 9천만 년 전의 중생대 말기 백악기의 지층이다. 에오세란 신생대 제3기의 세로 지금으로부터 5천6백6십만 년 전부터 3천5백만 년 전까지의 지질 시대이다.

해남군 우항리 지층에서는 세 종류의 물새 발자국이 발견된다. 한 종류는 앞발가락 세 개에 뒷발가락이 있으며 또 다른 한 종류는 앞발가락이 세 개뿐이고, 마지막으로 또 한 종류의 물새가 있다고 한다. 그리고 새 발자국과 함께 발견된 이상한 모양들은 공룡 발자국으로 밝혀졌다.

화석의 연구

여러 가지 가능성을 검토해야 한다

고생물학은 지질학과 마찬가지로 오래된 시간을 다루면서 우리의 상상력을 필요로 한다. 곧 어떤 고생물학적 사건이 생긴 지 짧게는 수만 년 내지 수십만 년에서 길면 수억 년이 지나면서 물리화학적 변화를 포함한 지질학적 작용을 받았기 때문에 이를 합리적으로 해석하려면 많은 생각을 해야 한다.

1억 년 전에 살았던 공룡이 죽은 다음 많은 변화를 겪은 뒤 머리뼈만 화석으로 남아 우리의 눈앞에 나타난다면 우리는 주로 그 머리뼈화석을 근거로 그 주인공의 종류와 크기, 생태 등 죽은 뒤의 변화를 상상해야 한다. 또 과학적으로 이미 밝혀진 현재 살고 있는 생물의 형태와 생태에 근거해 그 주인공의 생물학적 특징을 상상한다. 콧구멍 자리가 크면 냄새를 잘 맡았고 머리의 크기로 뇌의 용적을 상상할 수 있다. 눈이 크고 키가 크면 주간에 활동했다고 믿는다. 야간에 활동했다면 귀와 코가 발달하는

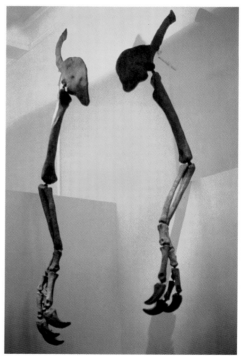

공룡의 앞발화석 앞발에 갈고리 모양으로 굽은 3개의 발톱이 있다. 이러한 뼈의 구조로 주인공의 생리를 유추할 수도 있다. 미국 자연사 박물관.

공룡관 내부   티라노사우루스를 비롯한 거대한 공룡들이 공룡관 내부를 채우고 있다. 티라노사우루스는 몸 길이 16미터에 어깨 높이가 6미터나 되는 거대한 육식공룡이다. 미국 자연사 박물관.

것이 보통이기 때문이다. 입과 목과 얼굴의 구조에서 목소리를 상상할 수 있다. 머리뼈와 척추뼈의 연결 구조로 주인공이 서서 활동했는지 엎드려서 활동했는지를 알 수 있다. 뼈의 구조로 주인공의 생리를 유추할 수 있으며 넓적다리뼈와 종아리뼈의 비율로 달리는 속도를 생각할 수 있다.

한편 주인공의 생물학적 특징을 유추한 다음 그가 살았던 주위 환경과의 관계, 곧 고생태(古生態)를 생각해야 한다. 주인공이 육식공룡이라면 그의 먹이였던 초식공룡이 있었을 것이고 풀이 있었으며 따뜻한 온난 기후였다고 상상된다. 물론 다른 육식공룡도 생각해야 한다. 화석의 보존 상태가 좋고 주위의 기록들이 좋으면 이 모두가 분명해 쉽게 알 수 있으나 대개의 경우는 그렇지 못하다.

메갈로사우루스의 두개골화석 '큰 도마뱀'이라는 뜻으로 쥐라기 초기에서 백악기 초기까지 유럽에 서식했던 육식공룡이다. 영국 세지윅 박물관.

티라노사우루스의 두개골화석 몸에 비해 큰 머리를 가지고 있고 튼튼한 턱과 크고 날카로운 이빨이 있다. 영국 세지윅 박물관.

육식파충류의 골격화석   날카로운 이빨이 발달된 머리뼈와 척추뼈의 연결 구조로 보아 동작
이 빨랐다는 것을 알 수 있다. 미국 자연사 박물관.

초식공룡의 골격화석 큰 머리를 가지고 있고 두 눈과 콧등 위에 돌출한 3개의 뿔이 있다. 이 뿔은 뼈가 발달하여 된 것으로 방어용이라고 볼 수 있다. 트리케라톱스. 미국 자연사 박물관.

흔적화석을 연구할 때는 겹친 흔적을 분해해 해석하는 능력도 필요하다. 해남군의 발자국화석처럼 익룡의 앞발자국과 뒷발자국이 겹치면 이를 분리해서 볼 눈도 필요하다. 이를 위해서는 우선 비슷한 것을 많이 보아야 하며 또 머리 속에서 그림을 잘 그려야 할 것이다. 많이 보고 생각을 많이 하면 발자국이 겹친 것을 해석할 줄 아는 눈이 생기리라 믿는다. 이런 눈을 함양하는 것이 연구이고 공부이다.

공룡 발자국이 아닐 수도 있다

경상남·북도에서 공룡발자국화석이 많이 보고되면서 그에 맞서는 주장도 있다. 곧 공룡 발자국으로 알려진 대부분이 공룡발자국화석이 아니라 퇴적 구조라는 주장이 바로 그것이다. 물이 얕거나 하천 바닥이 노출되어 마르면 하천 바닥 퇴적물의 크기와 종류, 날씨에 따라서 공룡 발자국과 비슷한 퇴적 구조, 예를 들어 머드볼(mudball, 진흙덩어리)이 만들어지고 땅바닥이 패여 마치 공룡 발자국처럼 보일 수 있기 때문이다.

공룡 발자국을 확인하는 첫 단계가 발자국 전체의 형태를 보아 발의 앞뒤를 먼저 알아낸 뒤 걸어간 방향을 생각하는 것이다. 다음 단계는 두발 보행인지 아니면 네발 보행인지를 생각해야 한다. 물론 두발 보행 공룡 두 마리가 간 것이 마치 네발 공룡 한 마리가 간 것처럼 보일 수도 있으나 이를 구별할 경험과 실력이 필요하다. 육식공룡인지 아닌지, 새끼인지 어미인지, 정상적으로 걸어간 것인지 아니면 다쳐서 절룩거리는지도 생각해야 한다. 초식공룡은 육식공룡에게 공격당해 절룩거릴 수 있다. 또 발자국 크기의 분포에도 관심을 가져 작은 발자국화석이 안쪽에 있고 큰 발자국이 바깥쪽에 있는지도 보아야 한다. 공룡도 오늘날의 코끼리나 들소처럼 어미들이 새끼를 보호했다고 생각되기 때문이다.

실제 공룡발자국화석이라고 주장되는 것의 상당수는 보존 상태가 좋지 않다. 땅 위에 노출되면서 풍화되고 침식되어 보기에 따라서는 화석이라고 볼 수 있으나 퇴적 구조라고 볼 수도 있다. 이런 점에서 공룡 발자국으로 알려진 것들이 발자국이 아닐 수도 있다.

고생물학에서는 이러한 모든 내용을 따로따로 생각할 수 없다. 그러므로 고생물학자들은 편견을 버리고 무엇보다도 여러 가능성을 검토해야 한다. 특히 너무 자신의 의견만을 주장하지 말고 여러 가능성을 놓고 허심탄회하게 해석하고 논의해야 한다. 그렇게 할 때 우리나라 지질학과 고생물학은 발전하게 될 것이다.

발자국화석—흔적화석—퇴적 구조의 종합적 연구

공룡 발자국이 발견될 때 호수에 사는 벌레나 조개의 흔적이 함께 발견되는 수가 있다. 이들 생물은 지금이나 옛날이나 호숫가 가까이에 살기 때문이다. 이들 생물의 흔적은 그 흔적이 발견된 퇴적암의 암상(巖相)과 밀접한 관련이 있다. 그러므로 지질학이나 고생물학이 그렇듯이 어떤 현상 한두 가지보다는 보이는 여러 가지 현상을 종합적이고 입체적으로 연구할 필요가 있다.

퇴적물 자체, 퇴적물이 쌓인 물리화학적 환경, 당시의 기후, 생물의 생태, 흔적이 만들어진 이후의 변화 등등 여러 가지를 생각하고 자료를 모으고 해석해야 한다. 보다 상세히 이야기하면 모래 입자의 크기, 펄이라면 석회질 성분의 함유 여부와 함량, 모래와 펄이 섞인 정도, 공기 중에 노출되었는지 여부, 물 속이라면 깊은지 얕은지, 바다인지 하구인지 호수인지 하천 바닥인지, 건조한 기후인지 아니면 비가 오는 기후인지, 어떤 형태의 구멍을 파는지, 흔적이 만들어진 이후 어떠한 변화를 겪었는지 모두 검토해야 한다.

이를 위해서는 현재의 환경을 많이 보아야 한다. 인천 앞바다 조간대(潮間帶, 밀물에는 잠기고 썰물에는 노출되는 지역, 흔히 바닷가 개펄을 말한다)에는 현재 그 곳에 살고 있는 생물들의 흔적이 많다. 조개나 게 또는 갯

지렁이는 개펄에 구멍을 뚫고 산다. 그러나 생물의 종류에 따라서는 구멍의 형태와 특징과 크기가 다르고 물론 모래밭과 펄밭에 사는 생물의 종류도 다르고 같은 종류의 게일지라도 모래밭과 펄밭에 만드는 구멍의 모양이 다르다.

현재 지면이나 해저면에서 만들어지는 현상은 속을 파 볼 수 있으나 지층에서는 눈에 보이는 것과 주위의 바위만으로 생각하고 과거의 환경을 머리 속에서 복원해야 한다. 다시 말하면 현재와 같은 3차원 입체 환경이 지층에서는 단단하게 굳어져 거의 대부분 평면으로 발견되므로 여기에 대한 입체적 이해도 필요하다. 이는 고생물학의 학문적 특징이자 어려움이요 또 보람이라는 생각이 든다.

새로운 화석 연구

과거에는 화석 주인공의 지질 시대나 서식했던 환경 연구 내지는 고생물학적 의미와 지질학적으로 시사하는 내용이 화석 연구의 중심이었다. 그러나 최근에는 생물이 죽어서 화석이 되기까지의 과정이 주요한 연구 내용이 되고 있으며 이를 화석화학(化石化學)이라고 한다.

화석화학은 화석이 되는 처음의 과정 곧 동물의 시체가 매몰되기까지의 과정 등을 연구하는 분야와 매몰된 이후 화석이 되는 과정을 연구하는 분야로 되어 있다. 이런 연구는 지금까지 생각하지 못했던 부분으로 화석이 되기까지의 상세한 과정을 연구하므로 새로운 지식을 얻을 수 있다.

동부 아프리카에서 발견된 큼직한 구멍이 두 개 뚫린 인류 조상의 머리뼈화석은 많은 것을 시사한다. 그 주인공은 부근에서 배회하던 표범에게 뒷머리를 물린 뒤 끌려갔던 것으로 보인다. 구멍의 크기와 모양과 구멍 사이의 간격 등이 오늘날 그 지역에 많은 표범의 이빨 자국과 똑같기 때문이다. 또 오늘날 관찰되는 표범의 생태가 그런 추측을 불러일으키기에 충분하다. 그리고 이 연구에서는 주인공이 살다가 죽은 뒤 주위의 다른 동물들에게 먹힌 다음 남은 부분들이 육상에 흩어져 있다가 화석이 되었는지 아니면 죽은 뒤 곧장 물 속에 가라앉아 화석이 되었는지를 연구할 수 있다.

예컨대 사자가 먹고 남긴 얼룩말의 뒷다리뼈나 머리뼈는 전자일 가능성이 높으나 악어가 먹고 남긴 들소의 뒷다리뼈는 후자일 가능성이 높다. 이 연구에서는 뼈의 보존 상태가 중요하기 때문에 지질학적으로 비교적 오래되지 않은 것이 주로 연구 대상이 된다. 예를 들면 아프리카의 평원이나 동굴, 새집에서 발견되는 네발 동물의 뼈와 새뼈 등이다. 그러나 예외로 보존이 잘 되는 경우에는 수천만 년 또는 수억 년 전 화석들의 화석화 과정도 연구할 수 있다.

고생물의 출현과 멸종

한때 살아서 지상의 주인공 역할을 수행했던 고생물들은 언제 지구상에 나타났는가? 또 그들은 언제 어떻게 지상에서 사라졌는가?

화석의 주인공인 고생물의 출현

우주 공간 속에 흩어져 있던 물질들이 모여 지금으로부터 약46억 년 전에 지구가 만들어지기 시작했다. 생명체는 뜨겁게 녹은 지구 껍데기가 식어 갈 때는 생기지 않았던 것으로 보인다. 그러나 드디어 38억 년 전에는 단세포식물인 남조류(藍藻類)가 바닷물 속에서 생겨났고, 28억 년 전부터는 남조류가 뿜어낸 산소가 대기 중에 많아지면서 단세포 식물과 박테리아는 더욱 많아진 것으로 보인다. 21억 년 전부터 19억 년 전에 걸쳐 단세포의 커다란 식물체와 다세포 식물체가 나타났다. 이때의 식물화석이 캐나다 온타리오 호수의 호안에 발달된 건플린트(Gunflint) 처트에서 발견된 건플린트 식물군화석이다. 드디어 10억 년 전에 아주 작은 동물들이 박테리아, 곰팡이, 조류(藻類) 등의 식물에서 발달해 나타났던 것으로 여겨진다. 이때 빙하가 발달해 지구는 상당히 추운 기후였다.

한편 대기 중의 산소는 점점 많아졌으며 드디어 6억 년 전에는 발달한 동물군이 바닷물 속에서 탄생할 정도가 되었다. 동물이란 산소 없이는 살 수 없다는 점에서 대기 중에 산소가 많아지기를 기다렸다고도 말할 수 있다. 최초의 명확한 동물군화석인 에디아카라(Ediacara) 동물군화석은 껍데기가 단단하지 않았으며 갯지렁이류 등 절지동물에 속하는 종이 있으나 오늘날에 비슷한 생물종이 없는 것도 있다. 에디아카라 동물군은 껍질이 단단하지 않은 것으로 보아 이때만 해도 동물들이 진흙 속이나 물 속에서 식물성 먹이를 구했고 다른 동물들을 잡아먹는 동물은 거의 없었던 것으로 보인다.

드디어 동물들은 고생대에 들어서자마자 폭발적으로 출현하기 시작했다. 앞에서 이야기한 캐나다 버제스 셰일과 최근 중국 운남성에서 발견된 보존이 아주 잘 된 무척추동물의 화석들이 이를 증명하고 있다. 이들의 크기와 종류는 다양해 작은 것은 2, 3센티미터이나 큰 것은 60센티미터에서 1미터 정도가 되었다. 절지동물, 극피동물, 연체동물, 환형동물과 비슷한 종류에 무슨 종류인지 분류할 수 없는 동물도 많았다.

무척추동물화석 바위 위의 검은 부분이 바로 고생대에 폭발적으로 출현하기 시작한 무척추동물의 화석이다. 미국 캘리포니아.

이때 이미 척추동물의 조상으로 보이는 동물이 나타났다. 크기는 4센티미터 정도에 뱀장어와 비슷하지만 전체적인 모양이 다른 동물들과는 다르다. 그리고 우리가 잘 알고 있는 삼엽충도 나타났다. 이 동물군의 대부분은 바다 밑바닥에서 살았으나 물 속을 헤엄치며 다른 동물을 잡아먹었던 것도 있었다. 그에 따라 가시를 만들어 자신을 보호할 수 있는 방법이 개발되었으며 단단한 껍데기도 만들어졌던 것으로 보인다.

고생물의 멸종

생물은 환경이 변하면 죽음에 이른다. 먹이가 줄어든다거나 기후가 추워진다거나 염분이 떨어지거나 수심이 얕아지면 생물은 멸종하게 된다. 물론 변하는 환경에 적응해 연명하는 수도 있겠으나 이도 쉬운 일이 아니다. 먹이는 생물의 생명 활동을 유지하는 물질이므로 말할 것이 없고 기후나 염분 등 생명 유지에 결정적인 요인이 바뀌면 그 생물은 죽는다고 보아야 한다.

지구 역사에서 수륙 분포는 지금의 분포와 많이 달랐던 적이 있었다. 수륙의 분포가 다르면서 수계(水系)와 풍계(風系)가 달라 해류와 대기의 흐름이 다르고 증발과 강수 지역이 달라지면서 기후가 달랐다. 특히 지금으로부터 약 1억 8천만 년 전 소위 곤드와나 대륙이 생겼던 때에는 추워지면서 거대한 빙원이 만들어지고 전세계적으로 해수면이 낮아져 바다에 살았던 수많은 생물들이 죽음을 당했다. 판게아 대륙 때도 마찬가지였다.

지구 역사상 지금까지 고생물은 크게는 다섯 번, 작게는 열두 번 멸종했다. 큰 멸종으로는 고생대 오르도비스기와 실루리아기의 경계, 고생대 데본기와 석탄기의 경계, 고생대 페름기와 중생대 트라이아스기의 경계인 고생대와 중생대 경계, 중생대 트라이아스기와 쥐라기 경계, 중생대 백악

중생대와 신생대 경계 지층
중생대에서 신생대로 넘어가는 시기에는 육지에서 번성했던 공룡을 비롯하여 수많은 동물들이 멸종했다. 아래의 얇은 지층이 중생대 말 신생대 초의 점토층이다.

기와 신생대 제3기의 경계인 중생대와 신생대의 경계가 바로 그것이다.

각 멸종 시기마다 차이는 있으나 생물 종류의 70 내지 95퍼센트 정도가 멸종했다. 많으면 99.99퍼센트의 개체수가 죽었던 것으로 보인다. 고생대와 중생대의 경계, 중생대와 신생대의 경계가 바로 그런 멸종 시기이다. 특히 중생대와 신생대 경계의 멸종은 지금에 보다 가까운 멸종으로 중생대에 육지에서 번성했던 공룡과 하늘의 익룡, 바다의 장경룡(長頸龍, *Plesiosaurus*), 바다에 떠서 살았던 암몬조개와 세포가 한 개인 작은 동물 등이 멸종했다. 장경룡은 그 학명의 어원이 '도마뱀에 가까운'이라는 뜻으로 도마뱀과 비슷하나 머리가 아주 작았으며 목이 몸체 길이의 3분의 1이 넘을 정도로 아주 길고 가늘었다. 노같이 생긴 네 개의 큰 지느러미로 헤엄치며 바다에 살았던 파충류이다.

개체수의 99.99퍼센트가 죽으면 그 동물이 멸종하는 수도 있으나 반드시 그런 것은 아니다. 동물은 새끼를 가진 암컷 단 한 마리만 남아도 종족이 보존된다고 보아야 한다. 예를 들어 오늘날 어린이들이 좋아하는, 뺨에 먹이를 보관하는 주머니가 있는 쥐 계통의 작은 동물 황금빛 햄스터는 금

거북화석 거북은 파충류 가운데 가장 오래 전부터 존재해 왔다. 중생대 트라이아스기부터 거북화석이 나오는데 이 화석들은 현존하는 거북과 생김새에서 별 차이가 없다. 미국 자연사 박물관.

세기 초 시리아에서 새끼를 가진 암컷 한 마리가 사람 손에 잡혀 새끼를 퍼뜨린 것으로 알려져 있다. 남극의 북쪽 아남극(亞南極)에 있는 어느 섬에서도 사람들이 애완용으로 데리고 왔던 고양이 한 마리가 새끼를 낳아 온 섬에 퍼진 적이 있다. 공룡은 중생대 말에 멸종했으나 공룡과 같이 살았던 거북과 뱀, 악어 등의 파충류는 살아 남았고 포유류 조상도 살아 남아 오늘날 번성하고 있다. 특히 포유류 가운데 박쥐는 신생대 초에 하늘로 진출했고 고래는 바닷속에 자리를 잡았다.

최근의 설명

지질 시대 동안 생물이 멸종한 사실에 대한 새로운 주장이 제안되었다. 노벨 물리학상 수상자인 아버지 루이스 알바레스와 지질학자인 아들 월터 알바레스 등이 1980년 제안한 '충돌설'이 바로 그 주장이다.

그들은 이탈리아, 뉴질랜드, 덴마크 등지의 중생대와 신생대 사이의 경계인 얇은 셰일층에서 대량의 이리듐을 검출해 지금으로부터 6천5백만 년 전에 지름 10킬로미터 크기의 소행성이 지구에 충돌해 수많은 생물들이 멸종했다고 주장했다. 외계 물체가 충돌한 직후 먼지가 수십 킬로미터 상공을 덮었으며 몇 달 동안 태양이 가려지고 식물의 광합성 작용이 정지되고 초식공룡과 육식공룡이 죽었다는 내용은 상당히 설득력 있게 들린다. 물론 이때 많은 바다 생물들도 죽었다. 이런 경우는 핵 폭탄이 터지는 경우와 비슷해 '핵겨울'이라고도 한다.

또 외계 물체가 지구에 충돌하게 된 원인은 태양의 연성(連星)인 별 또는 태양계의 열 번째 행성의 운동 결과로 그 충돌 시기도 2천6백만 년 정도를 주기로 규칙적이라는 주장이 나왔다. 충돌이 주기적이므로 지구 바깥의 물체는 비단 중생대와 신생대 경계 뿐만 아니고 다른 시기의 멸종에도 책임이 있다는 주장도 나왔다. 아직까지 태양의 연성이라고 생각되는 별이라거나 열 번째 행성이 발견된 것은 아니나 그런 별이 있을 것이라고 가정했다.

그러나 지금은 적어도 중생대 말에 지구에 충돌한 별이 소행성이 아니고 보다 큰 혜성이며 그 수도 한 개가 아니고 여러 개라는 등 충돌한 물체의 내용에 대해 처음과 다른 주장이 있다. 또한 멸종 시기도 주기적이 아니고 완전한 우연이라는 주장도 있다. 그렇더라도 지구 바깥에서 온 물체라는 점에서는 두 주장이 차이가 없다.

외계 물체 충돌론이 나오기 전까지 모든 생물은 환경에 맞추어 살아가며 만약 환경에 적응하지 못하면 멸종했다고 해석해 왔다. 생물은 생활 환경이 어느 정도 맞지 않으면 고생하면서 생명을 연장하거나 심하면 죽어 없어지리라는 것은 당연한 생각이었다. 그러나 외계 물체 충돌론이 대두된 이후에는 생물의 적응 능력은 그 의미가 어느 정도 퇴색했다.

장비류 팔레오세에 최초로 나타난 포유동물로 다양한 집단이 유럽과 아시아, 아프리카, 남·북아메리카에 퍼져 살았다. 기다란 코와 상아, 기둥 같은 다리, 크고 육중한 몸이 장비류의 특징이다. 미국 자연사 박물관.

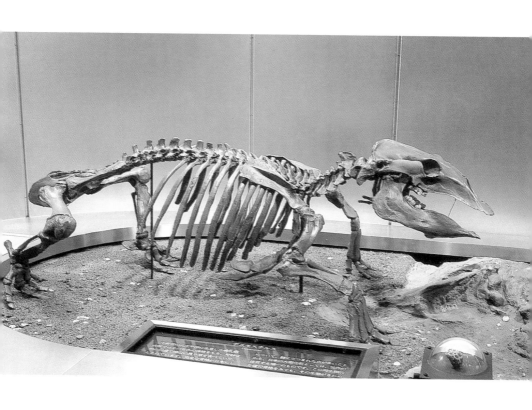

데스모스틸루스 올리고세에서 마이오세에 걸쳐 북태평양 연안에서 서식한 포유류이다. 편평하고 특이한 가슴뼈와 삽 모양의 앞니를 가지고 있는 해양 동물이다. 사진 제공 일본 지질 표본관.

파충류의 골격화석 공룡은 중생대 말에 멸종했으나 공룡과 같이 살았던 거북과 뱀, 악어 등의 파충류는 살아 남았고 포유류 조상도 살아 남아 오늘날 번성하고 있다. 미국 자연사 박물관.

 곧 환경에 적응하지 못할 정도로 유전적으로 무능해서 멸종되는 것이 아니라 잘못된 시간에 잘못된 장소에 있어, 한마디로 불운하면 멸종 당한다는 뜻이다. 어느 순간 느닷없이 하늘에서 불덩어리가 떨어지는 것을 미리 알고 적절한 대책을 찾는 일은 적어도 우리 인간을 제외하고는 지금까지 지상에 출현했던 어떤 생물들도 할 수 없는, 그들의 능력을 넘어서는 일이다.

 생물의 멸종이 외계 물체의 충돌에 의한 것이 확실하다면 지금까지 설명된 지구의 환경 변화라는 원인 외에도 지구의 생물이 멸종할 수 있는 가능성을 한 가지 더 추가해야 한다. 한편 최근에는 중생대의 생물들이 외계 물체의 충돌과 해수면이 낮아지고 서식지가 나누어지는 등의 복합적인 원인으로 멸종했다는 주장도 제기되고 있다.

우리나라의 화석

화석은 특별한 경우를 제외하고는 퇴적암에서 나온다. 따라서 우리나라에서 산출되는 화석들은 우리나라의 지질, 특히 퇴적암의 분포와 그 퇴적 환경과 깊은 관계가 있다.

우리나라의 지질

우리나라의 지질은 화성암, 변성암, 퇴적암 등으로 되었으며 지층의 지질 시대는 선캄브리아부터 신생대에 걸친다. 화성암 가운데에 특히 화강암이 국토 4분의 1 정도(23.5퍼센트)를 차지한다. 또 서울과 원산을 잇는 추가령 구조곡을 중심으로 그 남쪽의 지질과 북쪽의 지질이 현저하게 다르다. 남쪽의 지질 구조는 방향성이 있으나 북쪽의 지질 구조는 덩어리 모양으로 남쪽에 비하여 상당히 불규칙하다.

화강암은 강원도 지방에서 충청북도 및 전라북도에 걸쳐 북북동～남남서 방향으로 상당히 넓게 분포하는 반면 화강암은 북한에서는 불규칙하게 나타난다. 퇴적암이 열과 압력으로 변성된 변성 퇴적암과 화강암의 분포 지역을 합하면 이 암석들은 우리나라 면적의 반 이상을 차지한다. 변성 퇴적암으로 된 지층은 중부 지방을 제외하고는 불규칙하게 분포한다. 그러나 중부 지방에서 북북동~남남서 방향으로 분포한다. 중부 지방의 변성 퇴적암을 제외하고는 변성 퇴적암의 지질 시대는 시생대(始生代)와 원생대(原生代), 즉 선캄브리아로 생각된다. 한편 중부 지방의 변성 퇴적암의 지질 시대에 관해서는 아직도 연구중이다. 고생대 퇴적암층은 평안남도와 강원도 및 충청북도에 상당히 넓게 분포해 강원도에서는 무연탄이 많이 나오며 강원도와 충청북도에는 석회암이 많다. 강원도와 충청북도에 있는 시멘트 공장은 고생대의 석회암을 원료로 사용한다. 중생대 지층은 경상남·북도와 전라남도 및 남해안에 널리 분포한다. 중생대 지층은 경기도와 충청남도에도 약간 분포하며 석탄이 발달되어 있다.

남한의 북서쪽과 남동쪽 사이에는 폭 70킬로미터 정도의 북북동~남남서 방향으로 발달한 옥천계라는 지층이 있다. 옥천계의 구조는 쥐라기에 있었던 큰 조산 운동인 대보조산 운동으로 만들어진 것이다. 조산 운동이 있기 전의 옥천계 지층은 심하게 습곡되고 변성된 반면 백악기 지층은 변성되지 않았다. 포항 일대와 동해안에는 신생대 지층이 좁게 분포한다. 신생대 지층에서는 질이 나쁜 갈탄이 조금 나온다.

우리나라의 지질 구조, 특히 중부 지역의 지질 구조는 한반도의 남부 지역이 오스트레일리아의 서쪽에 붙어 있다가 북쪽으로 이동해 북부 지역에 충돌했다는 최근의 주장과 무관하지 않다고 믿어진다. 한편 옥천계의 정확한 지질 시대와 퇴적 환경은 우리나라의 지질학계가 풀어야 할 숙제 가운데 하나이다.

고생대 전반까지의 우리나라 지층은 해성층(海成層)이나 고생대 말기 지층의 대부분과 중생대와 신생대 지층의 반 정도는 육성층(陸成層)이다. 해성층에서는 바다에서 살았던 동물과 식물들의 화석이 나오며 육성층에서는 육지와 호수나 강에 살았던 동·식물들의 화석이 발견된다.

우리나라의 화석

선캄브리아화석

평안남도 중화군 상원 일대에 분포한 두꺼운 석회암으로 된 원생대 지층 상원계에서는 당시 살았던 단세포식물 석회조(石灰藻)인 남조류화석 콜레니아(*Collenia*)가 나온다. 콜레니아는 비교적 따뜻한 바다에 살았고 가는 띠를 만들며 생장해 단면에서는 육안으로도 그 띠가 둥그스름한 테처럼 보인다. 나이테와 다른 점은 나이테보다 띠의 굴곡이 더 심하다는 점이다.

상원계에서 나온 콜레니아화석은 서울대학교 지질과학과에 보관중인 화석에서 볼 수 있다. 한편 콜레니아화석이 함경남·북도의 도계를 따라 발달된 지층인 마천령계에서도 산출되는 것으로 알려졌다.

최근 경기도 옹진군 소청도에서도 원생대의 남조류화석이 발견되었다고 한다. 이 남조류화석은 콜레니아와 같은 계통의 화석으로 보이며 남한에서 가장 오래된 화석으로 믿어진다.

반면 우리나라에 분포하는 가장 오래된 지층인 경기도 일대의 경기 변성암 복합체에서는 화석이 나오지 않는다. 이는 이 암석이 심한 변성 작용을 받았기 때문이다. 경기 변성암 복합체의 위층으로 춘천 부근에 발달한 변성암 지층에서도 화석이 나오지 않는다. 이 지층은 원암이 퇴적암인 경우도 있어 화석이 변성 작용으로 소실된 것으로 보인다. 또한 경상북도와 강원도 도계에 발달한 지층과 지리산 일대에 발달한 지층에서도 화석은 나오지 않는다.

그러나 우리나라에 분포하는, 원암이 퇴적암이면서 변성 작용을 덜 받은 변성암을 잘 조사하면 선캄브리아의 화석, 예컨대 건플린트 처트 식물군이나 에디아카라 동물군에 해당하는 화석이 나올 가능성이 없다고 할 수 없다.

고생대화석

강원도 일대에 분포하는 고생대 초기의 지층에서는 삼엽충, 완족류, 필석류 등 고생대의 초기를 대표하는 무척추동물들의 화석이 많이 산출된다.

삼엽충은 흔히 '세쪽이'라고 부르는 화석으로 바다 밑바닥을 기어 다니며 살았던 갑각류 동물이다. 보통 삼엽충을 손바닥 크기만한 또는 수십 센티미터의 큼직한 화석으로 생각한다. 우리가 주로 책에서 보아 왔던 삼엽충의 화석이 그렇게 크기 때문이다. 그러나 작은 것은 새끼손가락의 손톱보다 더 작아 커 봐야 수밀리미터를 넘지 못하고 1밀리미터도 되지 않는 아주 작은 삼엽충화석도 많다. 과거에는 눈에 쉽게 띄는 큼직한 삼엽충을 많이 연구했으나 지금은 아주 작은 삼엽충이 많이 발견, 연구되고 있다.

강원도 정선군 회동리에서 1980년 그 존재가 확인된 실루리아기 초기 내지는 중기의 지층인 회동리층에서는 60여 종의 코노돈트(Conodont)화석이 나온다. 회동리층의 두께는 2백 미터 정도이며 산출된 코노돈트의 조성으로 연구된 회동리층의 퇴적 환경은 얕은 바다이다. 회동리층의 지질 시대 규명은 그 전까지 우리나라에는 없다고 생각되었던 지질 시대의

코노돈트 바다에 사는 척추동물의 이빨로 주성분은 인산염이다. 강원도 정선군의 실루리아기 초기 내지는 중기의 지층인 회동리 지층에서 60여 종의 코노돈트화석이 나왔다. 사진 제공 박수인.

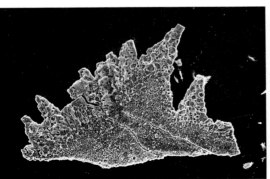

벌레가 기어간 자국 강원도 태백시에서 발견된 화석으로 이 일대는 고생대 오르도비스기 막골층이다. 이곳에서는 고생대 초기를 대표하는 무척추동물의 화석이 많이 나온다. 사진 제공 김정률.

지층을 찾아냈다는 점에서 우리나라 고생물학계가 이룩한 훌륭한 업적 가운데 하나이다.

그 전까지 지질학계에서는 고생대 중기에 해당하는 실루리아기와 데본기의 지층이 우리나라에는 없다고 생각했으며 이를 대결층(大缺層)이라고 불러 왔다. 그러나 회동리 부근에 발달한 고생대 하부의 두꺼운 석회암층의 일부는 과거에 생각했던 것처럼 캄브리아~오르도비스기의 지층이 아니고 실루리아기 지층이다.

인산염이 주성분인 코노돈트는 쌍(雙)으로 나오는데 최근에는 바다에 사는 척추동물의 이빨로 해석된다.

강원도 영월군과 태백시를 중심으로 한 고생대 말기의 탄전에서는 석탄기를 지시하는 보존이 아주 잘 된 인목, 봉인목 등 고사리 계통의 양치(羊齒)식물화석이 많이 나오며, 해성층에서는 완족류와 코노돈트 및 방추충화석도 많이 산출되어 지질 시대를 연구하고 지층을 대비하는 좋은 자료가 된다.

방추충 강원도 고생대 말기 탄전 해성층에서 발견된 방추충이다. 사진 제공 이창진.

우리나라의 고생대 지층에서는 필석류나 완족류 및 산호류 등 많은 부류의 무척추동물화석이 나오나 아직 연구가 잘 되어 있지 못한 것이 유감이다. 한편 강원도에서 잘 발달된, 입자가 작은 고생대 초기의 퇴적암 지층에서는 버제스 셰일에서 발견되는 화석들 못지않은 좋은 화석도 나올 수 있으리라 기대된다.

중생대화석

우리나라의 중생대 쥐라기 초기 지층인 대동층은 평양 부근에 발달한다. 대동층의 하부 지층에서는 민물에 사는 조개들의 화석이 나오며 공작고사리, 쇠뜨기, 양치식물류 등 20여 종의 식물화석도 나온다. 대동층의 상부 지층인 쥐라기 중부 지층에서는 소나무와 잣나무 등 침엽수의 규화목화석이 많이 나와 화석림(化石林)이 발달하기도 한다. 규화목의 크기는 지름이 30 내지 40센티미터로 거의 한 아름이 되는 것도 있다고 한다.

한편 경상북도 영양군의 북쪽에 있는 작은 퇴적암 분포지에서는 담수에 사는 뿔고둥 계통의 조개화석이 나와 지층의 시대를 확실히 아는 데 큰 도움이 되었다. 여기에서는 공작고사리, 고사리, 쇠뜨기, 은행 등 여러 종류의 식물화석이 나온다.

경상남·북도에 분포하는 중생대 지층의 하부에는 얇은 석탄층이 불규칙하게 나오며 위쪽으로는 화산암이 두껍게 쌓여 있다. 이 지층의 비교적 상부에서는 민물에 사는 우렁이, 달팽이, 도두럭조개 등 여러 종류의 연체동물의 화석과 식물화석들이 산출된다.

중생대 중부 지층에서 새발자국화석이 발견되었다. 특히 경상남도 함안군에서 1960년대에 발견된 새발자국화석은 우리나라 중생대 지층에서 귀중한 화석의 산출을 지시하는 신호였다. 이어서 하동군에서 1973년에 불완전하게 보존된 공룡알화석이 발견된 이후 경상남·북도를 중심으로 계속해서 발견된 공룡뼈화석, 공룡발자국화석, 공룡이 교란시킨 흔적화석, 물새발자국화석, 공룡배설물화석 등은 지질 시대 그 지역에서 살았던

공룡발자국화석 경상남도 고성군 하이면에서 나타난 중생대 백악기 진동층의 공룡발자국화석이다. 이러한 화석들은 그 지역에 살았던 공룡과 그들의 생태를 잘 보여 준다. 왼쪽은 양승영, 위는 김정률 사진 제공.

공룡과 그들의 생태를 매우 잘 보여 준다.

특히 삼천포 해안에서 발견된, 공룡들이 뛰어 놀면서 만든 공룡교란흔적(Dinoturbation)은 세계적으로 희귀한 흔적화석이며 그 공룡발자국화석의 수는 가히 세계적이다. 이어서 전라남도 해남군에서 발견된 물새화석은 세계에서 가장 오래되었다는 점에서 유명하다. 최근 확인된 익룡발자국화석도 대단히 가치 있는 화석이다. 특히 공룡－물새－익룡 계통의 화석은 순전히 우리나라 고생물학자들이 발견했다는 점에서 고생물학자들이 이룩한 훌륭한 업적 가운데 하나이다.

익룡이 공중을 날면서 땅 위에 발자국화석을 많이 남기지 않았을 것이라는 점을 생각하면 우리나라에서 발견된 익룡발자국화석은 대단히 귀중한 화석이다. 특히 뒷발에 짧은 다섯 번째의 발가락이 있다는 점이 다른 나라에서 확인된 익룡의 뒷발자국화석과 다르다. 이런 점에서 우항리 익룡발자국화석은 신종(新種)이 될 가능성이 아주 높다. 신종이란 인류가 생긴 이래 학계에 처음 보고된다는 뜻으로 학술적 의미가 대단히 높다. 우항리 발자국화석은 지금도 연구가 진행중인데 새롭고 신기한 사실들이 많이 밝혀지리라 생각된다. 시간이 가면서 익룡의 둥우리와 알과 새끼 익룡의 화석이 발견되고 다른 종류의 익룡과 시조새의 화석이 발견되리라 기대하는 것도 지나치지 않을 것이다.

우리나라의 중생대 지층, 특히 남한에 분포된 지층은 모두가 호수나 수로(水路)에 쌓인 육성층이며 해성층이 없다. 그러므로 우리나라에서는 중생대 동안 바다에서 살았던 생물의 화석인 암몬조개화석 등은 나오지 않는다.

또 영불 해협의 하얀 절벽으로 유명한 백악(白堊)을 만든, 바다에 살았던 작은 식물체화석인 코코리스화석이나 유공충(有孔蟲)화석은 우리나라에서 산출되지 않는다. 그러나 일제시대에 황해도 겸이포 부근의 쥐라기 지층에서 바다에 사는 조개화석이 발견되었는데, 이는 해성층의 존재를 지시한다는 점에서 우리가 연구를 계속해야 할 분야이다.

또한 일제시대에 평양 부근의 지층에서 중부 쥐라기의 암몬조개화석이 발견되었다는 보고가 있었다. 이 보고는 불행하게도 그 이후 다시 확인되지 않았다. 만약 우리나라에서 중생대 해성층을 발견하고 암몬조개화석을 발견한다면 이는 우리나라 지질학 사상 획기적인 발견이 될 것이다. 유공충이란 단세포원생동물로 껍데기는 탄산칼슘이며 바닷물에 떠서 사는 부유 유공충과 바닥에 사는 저서 유공충이 있다. 방추충은 저서 유공충의 한 부류이다.

신생대화석

경상북도 포항과 감포 일대에 분포된 신생대 지층 하부에서는 버드나무, 너도밤나무, 아메리카삼나무, 너도밤나무, 호도나무, 자작나무, 물오리나무, 포플러, 밤나무, 서나무, 보리수, 머루나무, 단풍나무 등등 비교적

굴화석 경주 삼막골에서 발견된 두 개의 껍질을 갖는 신생대 패류 화석이다. 경보화석 박물관.

추운 곳에서 자라는 육상식물들의 화석이 나온다.

그 위의 지층에서는 바다에 살고 있는 단세포동·식물과 고막, 맛조개, 개량조개, 백합조개, 부채조개 등 조개 종류 및 물고기의 비늘이 화석으로 나온다. 해서 동·식물화석은 당시 그 부근이 비교적 깊지 않은 따뜻한 바다였다는 것을 가리킨다. 또 고래 등 척추동물의 화석도 보고되었다. 포항에서는 앞의 식물들의 규화목화석도 나온다. 제주도 서귀포 일대에 분포된 작은 신생대 말기 지층에서도 얕고 따뜻한 바다를 가리키는 조개와 단세포동물들이 화석으로 나온다.

최근에는 매머드의 골격화석과 어금니화석이 전라북도 부안 앞바다 조간대에서 나왔다. 이는 매머드가 우리나라에서도 살았다는 증거로 당시의 기온이 지금에 비해 아주 낮았다는 것을 보여 준다. 매머드는 빙하

벌레가 기어간 듯이 보이는 자국 신생대 플라이스토세 서귀포층에서 발견된 화석이다. 제주도 서귀포 일대에 분포된 신생대 말기 지층에서는 얕고 따뜻한 바다였음을 가리키는 조개와 단세포동물화석들이 발견된다. 사진 제공 김정률.

시대 번성했던 포유동물로 그들의 어금니화석이 지금도 시베리아에서는 많이 발견되고 있다. 매머드의 어금니화석은 이빨의 면이 빨래판처럼 생겨 풀을 갈아 먹기 좋게끔 가는 선이 발달되어 있다. 빙하시대가 극성이었던 때에는 해수면이 오늘날보다 1백20미터 정도 낮았으며 황해와 남해안 일대는 모래밭이었고 날씨는 상당히 추웠다.

북한에 발달한 신생대 초기의 지층에서는 포플러, 플라타너스, 소나무, 호두나무, 아메리카삼나무 등 식물과 포유류 및 민물에 사는 물고기의 화석이 나온다. 비교적 질이 좋은 갈탄층도 있었다. 갈탄이란 식물이 무연탄으로 되어 가는 초기 단계로 식물의 나이테, 줄기 등의 조직이 보인다. 황해도 봉산에서는 매머드화석이 나왔다고 한다.

우리나라에는 신생대 초기의 해성층이 없어 당시 바다에서 발달했던 5백 원짜리 주화 크기의 단세포동물인 화폐석의 화석은 나오지 않는다.

앞으로 찾아야 할 화석들

우리나라의 퇴적암층에서는 지질 시대와 퇴적 환경에 따라 여러 가지 화석이 나온다. 그러나 아직도 고생물학을 연구하는 인구가 적어 많은 화석들이 발견되지 못했으리라 생각된다.

화석이란 화석을 알아볼 줄 아는 사람들의 눈에 띄므로 우리나라의 고생물학과 지질학을 연구하는 인구가 많아짐에 따라 점점 많은 수의, 여러 부류의 좋은 화석들이 발견되리라 믿는다. 지금도 우리가 화석을 잘 모를 때 '화석이 없다'라고 무심하게 생각해 버렸던 지층에는 좋은 화석이 많이 있을지 모른다. 그러므로 어두운 눈을 가진 적은 수의 사람들이 시간이 없어 급하게 훑고 지나간 곳을 밝은 눈을 제대로 뜨고 천천히 지나가면 많은 화석이 보일 것은 확실하다.

특히 우리나라에는 원생대부터 신생대 말에 이르는 변성 퇴적암 또는 퇴적암이 넓게 발달되어 있으므로 지층의 지질 시대와 퇴적 환경에 걸맞는 많은 종류의 화석이 나오리라 기대된다. 이런 점에서 우리나라의 고생물학자와 지질학자들은 아직도 할 일이 많다. 또 현재로서는 북한의 지질을 조사하고 화석을 채집하러 갈 수 없다는 것이 매우 안타깝고 한스러울 뿐이다.

화석과 공룡에 얽힌 이야기

사람들이 화석의 존재를 알았던 것은 기원전이다. 그러나 중세까지도 화석이 바위 속에서 나왔다고 해서 화석을 광물과 같은 부류로 생각했다.

한편 공룡은 중생대 때 1억 5천만 년 이상에 걸쳐 지구 위에 군림하다가 어느 날 갑자기 사라졌다. 그러나 그들의 뼈, 발자국, 알, 배설물은 화석으로 나타나 공룡 자체와 그들이 살았던 환경 및 지구 역사를 보여 주는 귀중한 단서가 되고 있다.

화석과 관련된 초기의 이야기

옛날 사람들은 화석이 무엇인지 몰라 여러 가지 웃지 못할 일이 많았다. 희랍의 아리스토텔레스 같은 현인도 화석이 바위 속에서 자란다고 생각했으며 피라미드를 만든 사암 속에서 발견되는 화폐석화석을 피라미드를 만들었던 인부들의 식량이라고 생각했던 사람도 있었다. 피라미드는 부근에 있는 신생대 제3기 초의 사암으로 만들었으며 그 속에서는 바다에 살았던 화폐석의 화석이 둥글둥글한 동전처럼 나온다.

레오나르도 다 빈치 같은 사람은 예외지만 대부분의 중세 사람들은 화석을 '귀신의 장난'으로 생각했다. 성경과 교회가 자연 현상에서도 절대적인 권위를 가지고 있었던 18세기에는 라인강으로 연결된 골짜기에서 발견된 큰 도롱뇽의 화석을 '노아 홍수 때 빠져 죽은 사람의 유해'로 생각했을 정도였다. 분명히 사람의 골격과 완전히 다르나 그 화석을 사람의 골격이라고 해석했고 그것이 통했던 것이다.

한편 당시 독일의 어느 지질학 교수는 화석을 많이 모아 열심히 발표했다. 그러자 학생들이 장난으로 여러 가지를 만들어 땅에 묻어 놓았으며 그는 그것들도 화석으로 믿었다. 드디어 그 교수는 자신의 이름이 새겨져 있는 돌멩이를 발견하고서야 자신이 학생들의 짓궂은 장난에 속았다는 것을 알았고 이미 발행된 책들을 회수했다고 한다. 그런 것을 보면 당시 사람들은 화석을 잘 몰랐고 처음 보고 신기하면 모두 화석으로 생각했던 것으로 보인다. 19세기에 들어서도 화석을 모르는 사람들은 바위 속에 있는 척추동물의 머리뼈화석을 보고 그 동물이 바위 속에 구멍을 파고 살았다고 생각했을 정도였다. 그들은 그 화석의 주인공이 땅 위에서 살다가 죽은 뒤 물에 흘러가 묻혀서 화석이 되었다는 것을 몰랐던 것이다.

엉뚱한 해석

화석을 전연 모르는 사람이라도 보존 상태가 좋은 화석을 보면 그것들이 생물의 유해라는 것을 안다. 그러나 생물체의 일부분이 보존 상태가 나쁜 채로 나오면 고생물학자라도 그것이 화석인지를 알아보기는 쉽지 않을 수도 있다. 더구나 한 부분만 화석으로 나오면 그것이 화석이라는 것을 알아도 어느 기관인지는 상상하기 어렵다. 그러므로 생물체 한 부분의 화석을 발견했을 때에는 엉뚱하게 설명할 수도 있었다.

이구아노돈의 골격화석 중생대 백악기에 번성했던 초식공룡이다. 18세기 말 이구아노돈의 화석이 유럽에서 처음 발견되면서 공룡을 파충류로 생각하기 시작했다. 영국 세지윅 박물관.

19세기 초 발견된 이구아노돈의 이빨과 뼈화석으로 살아 있을 때의 이구아노돈을 복원하던 학자는 요사이 살아 있는 도마뱀의 골격에 바탕을 두었다. 그는 그때 이구아노돈의 원추 모양 엄지발톱화석을 뿔로 생각해 (코뿔소의 뿔처럼) 이구아노돈의 코 위에 붙여 놓았다. 그의 이런 잘못된 해석은 그 화석이 엄지발톱이라는 사실이 확실하게 밝혀질 때까지 꽤 오래 계속되었다.

이런 일은 지금도 계속된다. 앞에서 이야기한 버제스 셰일에서 발견된 동물화석 가운데 하나를 오랫동안 머리가 없어진 새우화석이라고만 생각해 왔다. 실제 그 화석은 머리가 없는 새우를 닮았다. 그러나 1991년 캐나다 고생물학 연구 팀이 로키 산맥에서 문제의 부분이 결합된 완전한 개체 화석을 발견해, 그 부분이 머리가 없어진 새우가 아니라 그 주인공 동물이 먹이를 움켜잡는 기관이라는 사실을 알게 되었다.

또 같은 지층에서는 할루시제니아(*Hallucigenia*)라는 크기가 3, 4센티미터 정도의 무척추동물화석이 나온다. 이 화석은 몸통 한쪽에는 일곱 쌍의 곧고 뾰족한 기관이 있고 반대쪽에는 일곱 쌍의 둥글고 휘어지는 파이프 같은 것과 또 한 쌍의 비슷한 보다 굵은 파이프가 있다. 이 화석이 발견되었을 때에는 일곱 쌍의 곧고 뾰족한 기관이 다리이며 그 다리로 바닥을 기었다고 생각했다. 그러나 지금은 그 기관이 다리가 아니라 오히려 등쪽에 난 방어용 무기이며 휘어지는 파이프 같은 다리로 유연하게 균형을 잡으며 기어 다녔다는 것이 밝혀졌다. 스웨덴 학자가 최근 뒤에 숨겨진 다리 한 쌍을 발견했던 것이다. 또한 중국 운남성에서 같은 화석이 발견되면서 그 사실을 확실히 알게 되었다. 쉽게 말해 옛날에는 할루시제니아의 등과 배를 혼동했다. 굵은 파이프는 머리의 아래쪽에 있는 기관이다.

한편 올챙이가 화석이 되기가 대단히 어렵지만 만약 올챙이화석이 나온다 해도 개구리를 상상하기란 쉽지 않을 것이다. 그러나 올챙이화석과 함께 보존이 아주 잘 된, 개구리가 되어가는 중간 단계의 뼈화석이나 개구리화석이 나온다면 지금의 올챙이와 개구리의 관계에서 옛날의 관계를 충분히 유추할 수 있다.

엄청난 가격에 거래된 시조새화석

1860년까지 신생대보다 오래된 지층에서는 새의 깃털 하나라도 화석으로 나오지 않아 고생물학자들은 중생대까지는 새가 없었다고 믿었다. 그러나 헤르만 폰 마이어(Hermann von Meyer)라는 독일 화석학자가 1860년 쥐라기 지층인 바바리아(Bavaria) 지방의 졸렌호펜(Solenhofen) 석회암에서 시조새의 깃털화석 하나를 발견했다.

그는 그 깃털이 새털로 보이기는 하나 새털일 것이라고는 거의 믿지 못한 채 그 깃털화석을 조심스레 기재했다. 처음에는 그 깃털이 속임수일지 모른다는 생각으로 아주 신중하게 행동했다. 실제 그 전에 학생들의 짓궂은 장난으로 지질학 교수가 속았던 일을 상기했기 때문이다. 그는 면밀하게 새털을 들여다본 다음 그 새털은 속임수가 아니라는 것을 확신했고 그 새털에 '석판(石版) 석회암에서 나온 옛날 새털(*Archaeopteryx lithographica*)'이라는 뜻의 학명을 붙였다. 이후부터는 시조새를 '옛날 새털(*Archaeopteryx*)'이라고 부른다. 고생물학자들은 그때부터 중생대에도 새가 있었을 것이라고 생각하게 되었다. 그러나 새화석은 일부분도 발견되지 않았다.

드디어 다음해 졸렌호펜의 오트만(Ottmann) 채석장 지하 18미터에서 머리가 없다는 점을 제외하고는 거의 완전한 새의 특징과 파충류의 특징이 뒤섞인 동물의 화석 하나가 발견되었다. 그 화석의 주인공은 깃털이 확실히 있다는 점에서는 새이나 움켜쥘 수 있는 발톱이 있고 꼬리뼈는 긴 파충류의 특징도 가지고 있었다. 환자의 치료비 명목으로 귀중한 화석을 손에 넣은 그 동네 의사인 칼 하베르라인(Karl Haberlein)은 그 화석을 팔려고 했다. 그는 7백 파운드를 요구했다. 이 액수는 아마도 요새 금액으로 환산하면 수십억 원 내지는 그 이상에 해당하리라 생각된다. 그는 시조새화석을 경매에 붙이면서 사람들에게 화석을 보게만 했지 설명서도 없었으며 그림 한 장도 주지 않았다. 소문이 퍼지면서 화석을 모으는 돈이 있는 사람들이 그 '파충류새'를 보러 모여들었다.

손님 가운데는 하버드 대학교에 비교동물학 박물관을 설립한 당대 최고의 화석학자 루이 아가시(Louis Agassiz)도 있었으며 영국 왕실에서도 관심을 가졌다. 그러나 하베르라인은 값을 올리느라 1년 동안 시조새화석을 팔지 않았다. 그 동안에 그 화석을 본 사람들이 기억을 되살려 그린 그림들이 돌아다니면서 그 화석의 주인공은 마치 도마뱀 같다는 소문도 나돌았다. 더구나 당시가 1859년 다윈의 진화론이 나온 직후여서 진화론을

부인하는 사람들은 새화석이 '진화론을 지지하는 사람들이 조작한 짓'이라는 악의에 찬 소문도 퍼뜨렸다.

드디어 영국 박물관의 책임자이며 척추동물의 대가인 리처드 오웬(Richard Owen) 경이 그 신기한 화석의 소문을 듣고 그림을 보자 5백 파운드에 사려고 했다. 그러나 하베르라인의 고집에 꺾여 결국 7백 파운드를 지불하고 영국이 1862년 그 화석을 손에 넣었다. 그 액수는 영국 박물관 2년 예산의 상당한 부분을 차지할 정도로 큰 금액이었다.

독일 박물관에서도 비용을 마련했으나 때는 이미 늦었다. 귀한 화석을 손에 넣은 영국 고생물학자들, 특히 진화론을 지지했던 학자들은 파충류와 새의 가운데를 잇는 증거가 나왔다며 생물은 진화한다고 더욱 목소리를 높였다. 다윈이 이야기했던 '화석이 불충분해서 진화의 증거가 부족'하던 것이 하나 해결되었던 것이다. 실제 새의 가장 가까운 친척은 공룡으로 새는 공룡의 직계 후손이다.

두 번째 시조새화석은 1877년 졸렌호펜의 도르(Dorr) 채석장에서 나왔다. 이번 화석은 머리가 있어 완전한 표본이었다. 부리에 이빨이 있고 날개에도 발톱이 세 개씩이나 있었다. 첫번째 화석에서 날개의 발톱들은 흩어져 나왔다. 이 화석도 하베르라인 가(家)의 손에 들어갔다. 이번에는 첫번째 화석을 구했던 아버지 하베르라인이 아닌 아들 하베르라인의 손에 들어가 1천8백 파운드를 호가했다.

독일의 고생물학자들은 그 화석이 국외로 빠져 나가는 것을 막으려고 당시 독일 황제 빌헬름 1세에게 탄원서를 제출했다. 그러나 황제가 관심을 표하지 않자, 제네바 대학교 동물학 교수는 '새 대신에 규화(硅化)된 대포나 총이었다면 관심을 가졌을 터인데……' 하며 분하고 섭섭한 마음을 표했다. 그는 시조새화석을 사려고 모금했으나 턱없이 모자랐으며 결국 그 화석은 독일 사업가가 1천 파운드에 사서 같은 값으로 베를린 대학교에 넘겼다.

곤충과 거미줄이 들어 있는 호박

지질 시대에 살았던 나무, 특히 소나무나 전나무 등 침엽수의 수액(樹液)이 굳어진 것이 바로 호박(琥珀)이다. 호박은 투명하거나 반투명하며 대개는 노르스름하거나 연한 갈색이다. 몇 년 전 우리나라에서 상영된 영화 「쥐라기 공원」에서 몇 사람이 둘러앉아 신기한 눈으로 들여다보던 노르스름하고 반투명한 물질이 바로 호박이다. 호박은 색깔이 예뻐 한복의 단추나 담뱃대 또는 구슬 등을 만들 때 쓰인다.

호박은 송진이 굳어진 것이다. 그러므로 소나무에 가까이 살던 생물인 개미나 벌 또는 모기나 거미의 화석이 호박 속에 보존된다. 달콤한 송진을 빨아먹으러 왔다가 송진에 덮여 화석이 된 곤충은 가는 털과 더듬이나 거미줄 같은 미세한 부분이 그대로 보존된다. 실제 거미줄화석은 호박에서만 관찰될 따름이다. 「쥐라기 공원」에서도 호박 속에 보존된 모기가 빨아먹은 공룡의 피에서 공룡의 유전자를 추출했다.

호박은 최근의 흙이나 뻘 또는 갈탄층에서 나오며 러시아 발틱 해 해안에서도 많이 나온다. 질이 좋은 역청탄으로 유명한 만주의 무순 탄광에서도 호박이 많이 나온다고 한다.

두꺼비화석

수년 전 어떤 분이 전화를 했다고 한다. 전화의 주인공은 자신이 귀한 두꺼비화석 한 점을 가지고 있다는 이야기를 했다. 전화를 받은 분은 그분에게 그 화석을 가지고 오도록 했다. 얼마 후 그분이 가져온 것은 두꺼비화석이 아니라 두꺼비를 닮은 화강암 덩어리였다. 이 이야기를 듣고 우선 느껴지는 것은 이제 우리 주위에도 화석에 관심을 갖는 사람이 있을 정도로 여유가 생겼다는 반가움이었다.

독일 바이에른 지방의 신생대 제3기 지층에서는 보존이 대단히 잘 된 개구리의 화석이 나왔다. 그러나 살과 껍질은 다 없어지고 뼈만 화석이 되었을 따름이다. 다시 말하면 개구리는 뼈가 화석이 되지 개구리의 몸 전체가 화석이 되지는 않는다. 예외적으로 보존이 잘 되면 색깔로 몸체의 윤곽을 알아볼 수 있을 정도가 되는 수도 있다. 두꺼비도 마찬가지이다. 보존이 잘 된 화석이라고 해서 살아 있을 때의 모습처럼 또는 이집트의 미이라처럼 보존되었다는 뜻은 아니다. 물렁뼈나 가는 뼈가 썩어 없어지지 않고 완전하게 보존되었고 골격이 흩어지지 않았다는 뜻이다.

보존이 잘 된 화석이라면 누구라도 그것이 화석이라는 것을 쉽게 알아볼 수 있으나 대개의 경우에는 알아보기가 쉽지 않다. 일부분만 나오고 비틀어지고 깨어져 불완전하게 나오기 때문이다. 그러나 혹시 독자 여러분 가운데 화석으로 보이는 돌덩이를 가지고 계시면 지금 곧 가까운 대학교 지질학과 고생물학 교수로부터 감정을 받아 보시기를 권하고 싶다.

남아메리카 파타고니아의 화석

내가 아끼는 지질학적 표본 가운데 하나가 바로 남아메리카의 거대하고 황량한 땅인 파타고니아(Patagonia)에서 나온 게화석과 굴화석이다. 이 화석들은 남극 세종기지에 물자를 운반하고 연구를 하려고 몇 번 빌렸던 프랑스 운송 회사의 배 '에레부스(Erebus)호'의 알렉스 배제(Alex Veyser) 선장의 호의로 손에 들어왔다.

알렉스 선장은 배를 타지만 지적 호기심이 대단한 사람이었다. 그는 미국인이 그에게 선물한 코뿔소 모형을 닮아 탄탄하고 우락부락한 체격을 하고 있으나 그 체격에는 걸맞지 않게 십자글자 맞추기를 즐기며 책을 많

굴껍데기화석　남아메리카의 거대하고 황량한 땅인 파타고니아에서 20센티미터 정도의 굴
화석이 발견되었다.

이 읽었다. 또한 그는 에레부스호 함교의 상당히 큰 유리 상자에 신기한 돌
멩이와 화석 몇 점을 보관하고 있을 정도로 신기한 것을 좋아했다. 그의 관
심은 탐험, 조사, 수집, 독서 등 다방면에 걸쳤다.

　1993년 말에서 1994년 초에 남극 조사차 빌렸던 에레부스호에 탔을 때
함교의 유리 상자를 들여다보다가 깜짝 놀랐다. 큼직한 게화석이 눈에 띄
었기 때문이었다. 푼타 아레나스로 돌아오는 배에서 나는 그에게 화석의
필요성을 이야기하고 내가 남극에서 얻은 물에 뜨는 돌인 부석(浮石)과 바
꾸기를 제안했다. 그는 내가 화석을 연구하는 사실도 알고 있었으나 그보
다는 돌이 물에 뜬다는 사실을 신기하게 생각했다. 당시 그의 표정으로 보
아 아마도 돌이 물에 뜬다고는 생각하지 못했던 것으로 보였다. 당시 알렉
스 선장은 게화석을 발견한 사람이 자신이 아니라 에레부스호의 선원이
던 칠레인 '울리세스 (Ulises)'라는 사실을 말하며 게화석이 전적으로 그
자신의 것만은 아니라는 것을 시사했다.

　그런 곡절을 거쳐 손에 들어온 게화석은 오른쪽 뒷다리와 왼쪽 뒷다리
의 바깥쪽 마디가 없으나 보존 상태는 비교적 좋았다. 두 개의 큰 집게발은
완전하며 전체적인 모양도 흠이 없었다. 배의 가운데를 덮는 껍데기로 보
아 수컷이었다. 정확한 지질 시대가 언제인지는 몰라도 채집 지역이 파타

게화석　파타고니아에서 나온 수컷 게화석이다. 게는 절지동물로 마디가 없어지기 쉽다. 왼쪽은 등쪽이고 오른쪽은 배쪽이다.

고니아 산타 크루즈(Santa Cruz) 항구 부근이니까 신생대 말기로 보인다.

그가 1993년에 보내 준 큼직한 굴화석들도 아끼는 것 가운데 하나이다. 그가 산타 크루즈 항구 부근에서 길이가 약 30센티미터에 달하는 커다란 굴화석을 발견했다는 말을 듣고 큰 기대를 걸지 않고 그에게 부탁했던 기억이 있었다. 그 기억을 잊었는데 1993년 여름, 큼직한 상자 하나가 배달되었다. 상자 속에는 놀랍게도 굴화석 몇 개가 있었다. 두 손을 모은 정도의 크기인 20센티미터에 가까운 큼직한 굴껍데기화석이었다.

게나 굴이 비록 미물이지만 죽어서 단단한 껍데기를 남겨 화석이 되어 수백만 년 또는 그 이상이 지나 사람 앞에 나타났다는 점에서 자연의 신비를 다시 한 번 알 만하다.

공룡 이야기

공룡은 좁은 의미의 파충류가 아니었다

우리는 흔히 공룡을 도마뱀이나 뱀과 같은 파충류로 알고 있다. 그러므로 당연히 찬피동물이고 몸은 비늘로 덮여 있다고 생각한다.

스테고사우루스의 골격화석　중생대 쥐라기 후기의 조반류 공룡으로 초식성이다. 등 가운데에 직립한 삼각판이 연속해서 있고 꼬리 끝에는 4개의 큰 스파이크가 있다. 미국 자연사 박물관.(위)

매머드와 마스토돈　매머드와 마스토돈은 모두 코끼리과에 속하는 동물이다. 마스토돈은 몸높이가 2, 3미터로 많은 종류가 있으며 2백만 년에서 1만 년 전에 멸종했다. 미국 자연사 박물관.(옆면)

공룡을 파충류라고 생각하기 시작한 것은 공룡 계통인 이구아노돈의 화석이 18세기 말 유럽에서 처음으로 발견되면서부터이다. 당시의 한 고생물학 권위자가 그 뼈화석의 구조가 기존에 알고 있었던 도마뱀 뼈의 구조와 비슷하다고 해서 이름도 '무서운 도마뱀'이라고 짓고 파충류로 생각했던 것이다. 물론 생물과 화석에 관한 당시의 지식으로 그 정도를 알았다는 것은 대단한 일이다. 그 뒤부터 공룡은 파충류로 인정되었다. 그리고 파충류이므로 당연히 찬피동물이었다.

그러나 공룡은 좁은 의미의 파충류가 아니어서 공룡의 일부는 더운피동물이었다고 생각되고 있다. 증거는 몇 가지가 있다. 첫째, 공룡뼈의 내부 구조에는 피가 흘렀던 구멍이 많아 포유류 뼈의 구조에 가깝다는 것이다. 다음은 공룡의 뼈대가 엉금엉금 기어 다녔던 파충류보다는 네 다리로 걷거나 두 다리로 상당히 빨리 뛰어다니기에 적합하다는 사실이다.

또한 공룡은 찬피동물이 살기에는 부적합한 북극 근처 추운 곳에서도 살았다는 사실이다. 이 밖에도 공룡이 더운피동물이었다는 증거는 많이 있다. 새를 닮은 생리학적 특징이나 뇌의 크기 등이 그것이다. 그러나 적어도 일부 공룡은 더운피동물로 가죽으로 덮여 있었다고 믿어진다. 물론 동작도 날랬다. 쥐라기 중기에 공룡에서 진화한 조류도 마찬가지로 더운피동물이었다. 아직도 이론(異論)이 없는 것은 아니나 공룡, 특히 동작이 재빨랐던 육식공룡이 더운피동물이었다는 주장은 상당히 타당하며 고생물학에서는 가히 혁명적인 생각이었다. 따라서 이제는 공룡을 공룡류로 별도로 분류하고 그에 맞게끔 생각해야 한다.

공룡은 멸종했으나 다른 파충류는 살아 남았다

중생대 말에 지구는 외계 물질의 충돌 등으로 갑자기 어두워지거나 기온이 내려갔다. 하지만 공룡은 몸이 너무 컸기 때문에 바위 아래나 동굴 속 등 따뜻한 곳으로 피하지도 못했다.

아파토사우루스의 골격화석 쥐라기 후기에 서식했던 초식공룡으로 몸 길이의 대부분을 긴 목과 꼬리가 차지한다. 영국 자연사 박물관.

껍데기도 가죽뿐이어서 생리적으로 추위를 막을 만한 효과적이 방법이 없어 멸종한 것으로 생각된다. 중생대 말에는 공룡 뿐만 아니라 중생대에 번성했던 동·식물의 대부분이 사라졌다.

한편 중생대 말 공룡이 멸종된 이유를 기온이 내려가고 바다의 수면이 낮아지고 공룡들이 이주하면서 생긴 전염병 등으로 보는 과학자들도 있다. 공룡들은 이런 이유로 약 5백만 년 동안에 걸쳐 서서히 죽어 갔다는 주장이다.

그러나 고생대 말에서 중생대 초에 걸쳐 나온 악어나 뱀 등 찬피동물들은 진흙 속이나 땅 속에서 동면을 하는 등 추위를 피해 어렵지 않게 살아 남았다. 몸이 비교적 작고 깃털로 덮였던 새도 살아 남아 신생대에 발전했다. 중생대에 기를 펴지 못했던 작은 포유류들도 따뜻한 곳에 숨어 살아 남았다.

천재 소녀 매리 앤닝의 업적

18세기 말에서 19세기 초, 영국에서 공룡의 화석이 발견되어 연구되기 시작했을 때 고생물학자와 지질학자들이 화석의 발견과 발굴에 참여했으나 그들 못지않게 화석 발굴과 수집을 취미로 삼은 아마추어 화석 수집가들의 기여도 대단히 컸다. 그들이 화석을 찾고 파내는 데 보인 정열은 너무나 헌신적이어서 취미로 화석을 수집한다는 말이 무색할 정도였다.

그 가운데 한 사람이 바로 천재 소녀로 알려진 매리 앤닝(Mary Anning, 1799~1847년)이다. 그 소녀는 어렸을 때 몸이 약했는데 어느 날 유모와 함께 벼락을 맞았다고 한다. 벼락은 유모에게는 치명적이었으나 매리 앤닝에게는 달랐다. 사람들이 앤닝을 얼른 따뜻한 물에 담갔다가 꺼내자 앤닝은 적어도 겉으로 보기에는 아무런 상처도 없었다. 그러나 정신적으로 큰 변화가 있었다. 앤닝은 그 전과 달리 이후부터는 생기가 돌고 아주 똑똑해졌다. 어릴 때부터 동네 부근에 발달한 지층에서 화석을 찾아 헤매기 시작했다. 주로 화석을 찾아 헤맨 지층은 평지가 아니라 바닷가에 발달된 골짜기와 절벽이었다.

앤닝은 겨우 11살인 1811년에도 완전한 어룡(魚龍)화석을 발견했으며 1824년에는 인류 사상 처음으로 완전한 장경룡화석을 발견했다. 그 뒤 부친이 돌아가 생활이 어려워지자 오빠와 함께 영국 남서부 해안 도르셋(Dorset) 지방의 작은 휴양 도시 라임 레지스(Lyme Regis)에 공룡화석 가게를 열고 부근에 분포하는 하부 쥐라기 지층에서 채집한 공룡화석들을 지질학자와 화석 수집가들에게 팔았다.

앤닝은 똑똑하고 또 좋은 화석을 알아보는 눈이 있었기 때문에 어린 나이에 유명해졌다. 당시의 모든 지질학자들은 시간이 나면 라임 레지스로 달려가 앤닝과 함께 하부 쥐라기 지층인 푸른 셰일 절벽에서 화석을 찾아 헤맸다. 앤닝은 1828년 영국에서 최초로 익룡화석을 발굴해 당대 최고의 고생물학자인 옥스포드 대학교 교수 윌리암 버크랜드(William Buckland) 목사에게 기증했다. 그 익룡화석은 보존 상태도 아주 좋았다.

1830년대에 들어 화석을 살 만한 여유 있는 사람들이 줄어들자 앤닝은 경제적으로 어려워졌으나 고향 사람이자 손님이 그려 준 그림을 팔아 어려움을 이겨 나갔다. 그 그림의 이름은 「옛날의 도르셋」으로 그 지방에서 나왔던 화석들, 곧 어룡(*Ichthyosaurus*), 장경룡, 익룡, 물고기, 암몬조개, 거북, 오징어, 물풀, 육상 식물 등등이 살던 모습을 그린 재미있는 그림이다. 어룡의 학명은 그 어원이 '물고기 도마뱀'이라는 뜻이며 돌고래와 아주 비슷한 유선형 몸매이고 바다에 살았던 파충류이다. 돌고래의 뇌만큼 커다란 뇌가 없다는 것과 뒷지느러미가 있다는 것이 돌고래와 다른 점이다. 날카로운 이빨에 노같이 강한 앞뒤 지느러미를 가지고 있었다.

매리 앤닝이 귀중한 화석을 발견한 라임 레지스 부근의 하부 쥐라기 지층은 푸른기나 흰빛이 감도는 치밀하며 펄이 섞인 석회암 지층으로 셰일이나 점토가 가운데에 자주 끼어서 나온다.

「옛날의 도르셋」 쥐라기 초기 영국 남서쪽 해안 지방에서 살았던 어룡, 장경룡, 익룡, 암몬조개, 거북 등의 모습이

담겨 있다. 그림 드 라 베쉬(de La Beche). 사진 제공 영국 카디프 시 소재 국립 웨일즈 박물관 지질학과.

공룡알화석 이야기

둥글다고 모두가 알화석은 아니다

요즈음 우리나라 사람들이 외국을 자주 왕래하면서 중국 등지에서 산출되는 공룡알화석을 사 온다고 한다. 화석에 관심을 가진 사람이라면 공룡화석 자체에도 호기심이 생기지만 1억 년 전 공룡이 낳은 알의 화석에 공룡보다 더욱 호기심이 생기는 것은 자연스러운 일이다.

외국에서 사 왔다는 공룡알화석을 5, 6회 감정한 분의 말로는 감정한 횟수의 반은 알화석이 아니었다고 한다. 심지어 어떤 것은 감정을 의뢰한 사람이 공룡 알의 껍데기라고 믿는 부분이 알 지름의 3분의 1 정도로 두꺼워 알의 구조를 조금이라도 아는 사람은 누가 보아도 알이 아니라는 것을 알 수 있었다고 한다.

사람들이 공룡알화석이라고 믿고 비싼 값을 치르고 외국에서 사 온 것의 상당 부분은 공룡의 알화석이 아닌 소위 '결핵체(結核體)'이다. 결핵체란 물 속이나 진흙 속에서 물리화학적으로 만들어지는 둥근 덩어리로 크기와 형태가 여러 가지이다. 결핵체를 모르는 사람들은 둥근 결핵체를 알화석으로 속을 수도 있다. 그러나 모양이 둥글다고 모두 알의 화석은 아니다.

화석, 특히 알의 특징과 알이 화석으로 되어가는 과정으로 보아 표면에 갈라진 금도 전혀 없는 완전한 형태의 알화석을 얻기란 쉽지 않다. 물론 완전한 모양의 알화석이 없는 것은 아니나 아주 드물게 나온다. 알이 흙 속에 묻혀 화석이 되면서 눌리거나 찌그러지고 깨어질 가능성이 높기 때문이다.

공룡 알 껍데기가 깨어진 모양은 삶은 달걀의 껍데기가 깨어진 것과 비슷하다. 알이 화산재로 덮이는 등 보존이 잘 된 경우에는 깨어지지 않아 둥글둥글한 모양을 볼 수도 있다. 그러나 자세히 보면 둥근 모양을 하고 있으나 대개의 알 껍데기는 깨어져 있다. 또 알 껍데기가 부스러져 얇은 조각으로 나오는 경우는 흔하다. 실제 1996년 경상남도 하동군 해안에서 발견된 공룡알화석들도 대부분이 부스러진 조각이다.

대부분의 공룡 알은 구형이지만 길쭉한 알도 있다. 구형으로 가장 큰 알은 농구공 크기이며 가장 작은 알은 탁구공 크기이다. 길쭉한 알 가운데 가장 큰 알은 길이가 45센티미터, 폭이 13센티미터 정도이다. 더 작은 알은 10센티미터가 조금 넘는 것도 있다.

몽고의 고비 사막에서는 1923년부터 지금까지 보존이 아주 잘 된 공룡뼈화석과 공룡알화석들이 많이 나오고 있다. 우리나라의 공룡화석과 공룡알화석은 지질학적으로 보아 경상남·북도와 전라남도 등 중생대 육성 퇴적암이 분포된 지역에서 나온다.

공룡 알과 달걀

새알이나 공룡 알은 표면에 특유한 미세한 조직과 숨구멍이 있다. 알이 크면 표면의 좁쌀 같은 동글동글한 조직도 뚜렷이 보인다. 그러나 알이 작으면 이런 문양이나 숨구멍은 육안으로는 잘 보이지 않고 확대경이나 현미경으로만 보인다. 단지 표면을 만져 보면 매끈하지 않다는 것을 알

멸종한 새알 알이 화산재로 덮이는 등 보존이 잘 된 경우에는 깨어지지 않아 둥글둥글한 모양을 볼 수 있다. 영국 자연사 박물관.

수 있다.

신선한 달걀의 표면을 손으로 쓸어 보면 약간 거칠다. 그러나 오래된 달걀은 매끈한 것으로 보아 달걀의 표면 조직은 시간이 가면서 변한다는 것을 알 수 있다. 또한 알 껍데기의 두께와 단면의 구조도 부화되어 가는 과정에서 변한다. 부화 시기가 가까워 오면서 껍데기가 얇아진다. 공룡의 알도 비슷했으리라 믿어진다.

만약 공룡 알로 보이는 둥근 돌덩이 표면에 특유한 조직이 없으면 알이 아니라는 거의 확실한 증거이다. 남부 프랑스에서 발견된 공룡알화석에 관한 논문의 현미경 사진과 그림을 보면 알 표면의 특징과 가는 숨구멍을 볼 수 있다. 그 논문에 따르면 알 껍데기의 두께는 1.3밀리미터에서 2.4밀리미터이다.

지금 살아 있는 파충류의 알은 달걀처럼 껍데기가 단단하다. 그러나 파충류 새끼가 안에서 부화되면서 새끼가 몸에 필요한 탄산칼슘을 껍데기에서 취하면서 껍데기는 얇아진다. 거북이나 악어의 새끼가 다 부화되면 자신의 부리로 알 껍데기를 찢고 밖으로 나온다. 공룡의 새끼도 같은 과정을 거쳐 부화되었으리라 믿어진다. 이런 점은 달걀과 병아리도 마찬가지이다. 단지 달걀은 어미닭이 체온으로 부화시키므로 달걀이 어미닭의 몸에서 굴러가지 않도록 한 쪽이 뭉툭하고 한 쪽이 갸름하다. 달걀을 책상 위에서 굴리면 제자리로 돌아오는 이유는 바로 이 때문이다. 그러나 파충류 알을 비롯해 공룡 알은 땅 속이나 모래 속에서 태양열로 부화되었으며 대부분의 공룡 알은 완전한 구형이거나 타원체이다.

한편 우리나라의 누룩뱀 등 몇 종류의 뱀은 자신의 알을 돌보는 것으로 밝혀졌다. 그런 것을 볼 때 공룡도 종류에 따라서는 알을 돌보는 공룡이 있었다고 보아야 한다. 실제 몬태나 주에서 발견된 마이아사우라의 둥우리와 알화석 및 뼈화석을 보면 어미 공룡이 새끼 공룡을 돌보았던 것을 알 수 있다.

공룡알화석 새알이나 공룡 알은 표면에 특유한 미세 조직과 숨구멍이 있다. 알이 크면 표면의 좁쌀 같은 조직이 뚜렷이 보인다. 중국 산출. 경보화석 박물관.

알화석은 천연기념물

미국 콜로라도 주에 있는 어느 공룡알화석 가게에서는 알화석을 1백5십 불에서 1천4백 불 정도로 판다. 그러나 정말로 좋은 것은 박물관을 위해 개인에게 내놓지 않는다고 한다. 그들은 중국 정부가 공룡알화석 판매를 금지하기 전에 중국 정부의 산업 — 업무국의 합법적인 허가를 받은 업자들로부터 알화석을 구입했다.

이런 가게는 아주 예외적인 곳으로 생각된다. 왜냐하면 대부분의 나라에서는 자기네 나라 어느 곳에서 보존이 잘 된 공룡알화석들이 나온다면 그 알화석을 일종의 천연기념물로 여겨 팔지 않으리라 생각되기 때문이다. 그러므로 합법적으로 알화석을 사고 팔기가 쉽지 않을 것이다. 실제 중국 정부는 1993년 공룡알화석 밀수꾼으로부터 3천 개 정도의 알화석을 압수했다. 공룡이나 새의 알화석은 귀한 것이므로 정부가 다른 나라의 박물관에 기증하거나 연구 목적으로 빌려 주기는 해도 개인간의 거래는 쉽지 않다. 몰래 거래하면서 어디 공신력이 있는 기관에 물어 볼 수도 없으니 속기 쉬운 것이다. 이런 점에서는 혹시 합법적으로 파는 것을 사면 믿을 수 있으나 그들이 감정을 잘못할 수도 있으니 딱한 일이다.

익룡 이야기

하늘을 날아다니는 익룡

이탈리아 박물학자 코스모 알라산드로 콜리니(Cosmo Alassandro Collini)는 1784년 베를린 부근의 바바리아 석회암에서 익룡의 골격화석을 처음 발견했다.

전체적인 모습은 흡혈박쥐를 닮았으며 부리는 누른도요새의 부리처럼 길쭉했으나 악어처럼 이빨이 있었고, 등뼈와 다리뼈는 도마뱀의 그것과 비슷했다. 날개에도 네 개의 발톱이 있는데 세 개는 나란히 있으나 다른 발톱 하나는 길게 발달되어 날개를 지지했다. 날개의 발가락, 곧 앞발가락에는 박쥐처럼 먹이를 붙잡을 수 있는 발톱이 있었고 몸은 이구아나처럼 비늘로 덮여 있었다. 크기는 참새만했다.

그때에는 그 화석 주인공의 모양과 비슷한 동물이 없어 커다란 수수께끼였다. 사람들은 수많은 추측을 했는데, 어떤 사람은 헤엄치는 동물로 생각했고 박쥐와 새의 중간이라는 주장도 했으며 파충류와 포유류의 중간이라는 주장도 있는 등 해석은 구구했다.

그러나 당시 유럽 고생물학계의 권위자인 프랑스의 조르주 퀴비에(Georges Cuvier)는 그 화석의 주인공이 파충류라고 자신 있게 주장했다. 그는 그 화석을 '익룡(*Pterodactylus*)'이라고 이름지었다.

비상하는 익룡의 모형 사람들은 익룡화석이 발견되면서부터 지구 역사에서 멸종한 생물이 있었다는 것을 비로소 믿기 시작했다. 미국 자연사 박물관.

비상하는 익룡의 모형 익룡의 평평하고 넓은 가슴뼈에는 날개 근육이 붙어 있기 때문에 익룡은 새처럼 힘차게 날아다니는 생활에 적응했다. 미국 자연사 박물관.

　학명의 어원은 '날개손가락'이라는 뜻으로 네 번째 손가락, 곧 앞발의 네 번째 발가락이 날개를 받친다는 것을 강조했다.

　익룡은 발가락 모양, 턱뼈, 꼬리, 이빨, 골격 등등을 기준으로 여덟 부류가 있는 것으로 알려져 있다. 작은 것은 참새 크기만하지만 큰 것은 날개 사이가 12미터 정도로 작은 비행기만한 크기의 익룡도 있었다. 쥐라기에 출현한 익룡은 크기가 작으나 백악기의 익룡은 훨씬 크다. 익룡뼈화석은 남극 대륙을 제외한 모든 대륙에서 발견된다.

　우리는 흔히 익룡을 파충류라고 생각하지만 파충류나 공룡과는 다른 별도의 동물 부류로 보는 견해도 있다. 그러나 익룡은 공룡과 가까운 친척으로 보인다. 잘 보존된 익룡 껍질의 흔적으로 보아 포유동물의 털 같은 것으로 덮인 종류도 있지만 익룡의 골격을 보면 익룡은 포유동물은 아니다. 익룡의 몸에 털이 있고 그 털은 몸을 따뜻하게 했던 것으로 보이며 익룡이 날았다는 점으로 보아 공룡처럼 더운피동물로 믿어진다.

익룡화석을 처음 발견했을 때 고생물학자들은 새의 가슴 가운데에 있는 커다란 뼈인 용골(龍骨)이 없어서 날지 못한다고 생각했다. 그러나 훗날 익룡의 평평하고 넓은 가슴뼈에 비록 새의 용골과는 달라도 날개 근육이 붙어 있었다는 것을 알게 되었다. 이 사실로부터 익룡은 새처럼 힘차게 날아다니는 생활에 적응했다고 해석하게 되었다.

익룡화석은 모사사우루스(*Mosasaurus*)와 함께 지상에서 멸종된 생물로 당시의 사람들을 놀라게 했다. 사람들은 익룡화석이 발견되면서부터 지구 역사에서 멸종한 생물이 있다는 것을 비로소 믿기 시작했다. 당시의 사람들은 그 전까지만 해도 생물의 멸종을 반신반의했다. 모사사우루스는 1770년 네덜란드의 백악 채석장에서 발견된 화석의 주인공 동물로 바다도마뱀을 닮은 파충류이다.

익룡은 땅 위에서 어떻게 걸었을까

익룡발자국화석은 1860년대에 쥐라기 말기 지층에서 처음으로 보고되었다. 그러나 그것은 후일 말굽게가 기어간 흔적화석으로 밝혀졌다. 다음의 익룡발자국화석은 1950년대 미국 유타 주의 쥐라기 말기 지층에서 발견되었다. 이 발자국화석은 한때 악어발자국화석으로 해석되었으나 익룡발자국화석이 많이 발견되면서 지금은 익룡발자국화석으로 인정된다. 이어서 미국과 스페인 등 유럽에서도 확실한 익룡발자국화석이 발견되었다.

익룡은 땅에서는 네 개의 긴 발가락이 있는 발과 날개에 있는 세 개의 발톱으로 땅을 찍으며 걸었던 것으로 생각된다. 그러므로 익룡 날개의 앞발자국은 마치 사람 귀의 귓바퀴처럼, 뒷발자국은 사람 발자국처럼 보인다.

익룡이 땅에 내려와 날개를 접고 걸었던 모습을 상상해 보자. 익룡이 땅

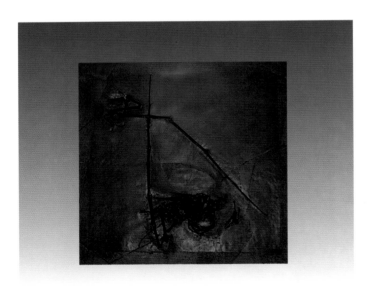

익룡의 골격화석 익
룡화석은 남극 대륙을
제외한 모든 대륙에서
발견된다. 작은 것은 참
새 크기만하지만 큰 것
은 작은 비행기만한 것
도 있었다.(위, 왼쪽)

위에서 상당히 거북하게 걸었다는 주장도 있고 오히려 아주 가볍게 걸었다는 주장도 있다.

전자는 오늘날의 커다란 새인 콘도르나 독수리들이 날 때 행동이 약간은 둔하게 보인다는 점을 고려한 주장이다. 실제 익룡발자국화석은 불규칙하고 이상하게 보여 거북하게 걸었다는 생각도 든다. 그러므로 익룡의 발자국화석을 보면 마치 공룡이 비틀거리며 걸은 것 같은 상상을 할 수도 있다.

반면 후자는 익룡발자국들이 주로 황량하게 보이는 평지에서 많이 발견된다는 점을 고려한 주장이다. 만약 익룡의 동작이 전자의 주장처럼 그렇게 불편했다면 익룡발자국화석이 많이 나오는 곳이 황량하다는 점을 보아서는 익룡은 쉽게 멸종했으리라는 설명이다. 그러나 익룡은 중생대의 하늘을 날며 번성했던 동물이다. 실제 황량한 곳에서 익룡발자국이 많이 발견된다는 것은 익룡의 동작이 상당히 날렵했다는 것을 증명한다고 생각된다.

위의 주장과 맥락을 같이 하는 것이 바로 익룡이 땅에서 어떻게 날아올랐을까 하는 추측이다. 콘도르나 신천옹 같은 큰 새는 제자리에서 날아오르지 못하고 한참 달려가다가 날아오른다. 익룡도 그렇게 힘들게 날아올랐다는 주장이 있고 반대로 제자리에서 가볍게 날아올랐다는 주장도 있다.

화석을 아끼고 사랑합시다

화석은 무심히 보면 한낱 차가운 돌멩이일 수 있다. 그러나 알고 보면 화석은 지구의 역사와 생명체의 신비를 감추고 있는 위대한 자연이요, 신비의 덩어리이다.

'화석이 뭐요?'라는 질문을 하지 말자

지금 교편을 잡고 있는 어느 분이 20여 년 전 일본에서 공부할 때였다고 한다. 한 번은 시골에서 지질 조사를 하고 있을 때 길에서 만난 40대로 보이는 시골 여인이 그분에게 무엇을 하느냐고 물었다. 그분이 '지질 조사를 하면서 화석을 채집한다'고 답변하자, 그 여인은 '어떤 종류의 화석이 나오며 그 지질 시대가 언제이냐?'고 다시 질문했다. 질문을 받은 그분은 시골 여인이 화석에 대한 지식이 적지 않다는 것을 알고 속으로 깜짝 놀랐다고 한다.

그분은 귀국해 경상남도 남해군에서 지질 조사를 마친 뒤 버스를 기다리면서 초등학교 교감 선생님과 이야기할 기회가 있었다. 그때 화석 이야기가 나오자 그 교감 선생님은 대뜸 '화석이 뭐요?' 라고 물었다고 한다. 그때의 표정으로 봐서 그 교감 선생님은 화석이 무엇인지 전연 모르는 것이 확실했다고 한다. 그분은 질문에 답하면서 수년 전 일본에서 공부할 때 시골에서 만난 40대 일본 여인이 생각나 두 사람의 수준 차에 크게 충격을 받았다고 한다.

고생물학이나 지질학을 전문적으로 배우지 않더라도 고등학교 지구과학 시간에 화석과 지질학에 대한 기초는 배운다. 그렇다 하더라도 화석이 무엇인지 모르는 사람이 많으리라는 생각을 버릴 수는 없다. 그러나 화석과 지구 역사에 관심만 있다면 어렵지 않게 신기한 고생물과 지질학 및 지구 역사에 관한 상식 정도를 가질 수 있다. 교육 방송이나 일반 텔레비전의 지구 역사 프로그램을 보거나 일반인이 읽기 쉽게 쓴 『과학동아』나 한글판 『뉴턴(Newton)』또는 『지오(Geo)』와 같은 과학 잡지, 그리고 지구 역사와 지질학 또는 화석에 관한 책을 보면 된다. 이제는 '화석이 뭐요?' 라는 질문은 더 이상 하지 말자!

천연기념물 함안 새발자국화석의 운명

천연기념물 제222호인 경상남도 함안군에 있는 새발자국화석은 많이 파손되었을 뿐만 아니라 그 화석의 일부분은 놀랍게도 청와대까지 선물되었다.

그 사실을 처음으로 알게 된 분은 깜짝 놀랐다고 한다. 왜냐하면 바로 그분 자신이 그 화석을 1960년대 초에 발견하여 천연기념물로 지정되도록 한 장본인이었기 때문이다. 그 화석을 발견하였을 때 귀중한 화석을 발견하였기에 기뻐하고 흥분하던 그분의 모습이 아직도 나의 기억에 생생하게 남아 있다.

아마도 그 화석의 존재가 공식적으로 알려진 이후에 입에서 입으로 소문이 퍼지면서 누군가가 신기한 것이기에 고위층의 환심을 사려고 떼어 갔으리라. 그 화석을 떼어 선물한 사람은 그것이 신기하게 보여 그렇게 했겠으나 귀중한 연구 자료를 훼손한다는 사실은 몰랐으리라. 천연기념물로 지정되기 이전이면 몰라서 그런 것이고 그 이후라면 법을 위반했다. 알고 모르고 또한 위법 여부를 떠나서 아까운 것이 없어졌다는 생각을 금할 수 없다.

어떤 사람이 귀중한 화석의 가치를 잘 모른 채 막연히 화석을 보관만 한다거나 또는 극소수의 사람에게만 보여지는 것보다는 화석은 보다 많은 사람들을 위하여 전시되는 것이 바람직하다. 예컨대 그 함안의 새발자국 화석은 박물관이나 어린이 과학관 또는 함안군청에 놓이는 것이 훨씬 보람 있다고 믿는다. 지금이라도 늦지 않았다.

자갈이 된 화석

주민들이 화석이 무엇인지 몰라 귀중한 화석이 자갈이 된 적이 있었다. 10여 년 전 충청도의 어느 골재 공장에서 척추동물의 뼈화석이 나왔다고 한다. 그 곳에서 일하던 인부 가운데 어떤 분이 무엇인가 심상치 않다고 생각해 당시 화석을 연구하던 분에게 연락을 했다. 그러나 그분이 현장에 도착했을 때에는 안타깝게도 다른 인부들이 그 화석이 무엇인지 몰라 다 깨어 버려 이미 자갈로 만든 뒤였다.

화석은 그 주인공이었던 생물이 다시 태어나지 못하듯이, 단단한 돌멩이로 굳어 버려 다시 만들어지지 않는다. 이런 점에서 우리는 화석을 볼 줄 아는 눈이 필요하고 보존하려는 의식과 노력이 필요하다. 화석은 한 번 훼손되면 다시 살아나지 않는다.

민간 기업에 의해 보존된 공룡발자국화석

일성 콘도미니엄은 우리에게 부곡 하와이로 잘 알려진 경상남도 창녕군 부곡면에 있다. 놀랍게도 그 콘도미니엄의 대지 내에도 공룡발자국화석이 있다. 콘도미니엄측이 1991년 도로 확장 공사로 잘라 놓은 경사면에서 공룡 발자국이 발견되었던 것이다. 공룡발자국화석은 열 개의 층준에서 90개 정도가 확인되었다. 그러자 회사측에서는 도로 확장도 필요했지만 공룡발자국화석이 드물고 귀중한 것임을 인식하여 보존하기로 했다.

그러나 태양에 노출된 발자국화석은 풍화가 심했다. 드디어 1994년 초가을 콘도미니엄측에서는 공룡을 전공하는 분에게 보존 방법을 의논해 왔다. 그분은 우선 강력 접착제로 발자국 자체와 주변의 돌멩이들이 여러 방향으로 깨어지는 것을 막았다. 귀중한 화석이 풍화되기 전에 보다 항구적인 대책이 나오리라 생각된다. 민간 기업체에서도 한낱 차가운 돌멩이 조각으로 생각할 수 있는 화석에 대하여 관심을 기울이는 것이 기쁘고 다행스럽다.

도나 군의 공식 화석을 만들자

다른 사람에게 우리가 살고 있는 도(道)나 군(郡) 등 우리 고향의 좋은 지질학적 인상을 주는 방법의 하나가 바로 고향에서 나오는 특별한 화석을 지정해서 도나 군의 공식 화석으로 삼는 것이다.

미국 오하이오 주의 공식 화석은 이소텔루스(*Isotelus*) 삼엽충화석이다. 25센티미터의 크기로 손바닥보다 훨씬 크며 둥그스름한 윤곽이 부드러운 인상을 주나 머리 끝에서 길게 발달된 두 개의 날카로운 침이 부드럽지만은 않다는 인상을 준다. 머리와 가슴과 꼬리 부분이 거의 정확하게 3등

분 되며 가슴 부분의 굵직하고 선이 분명한 몸통은 살아 있을 때에는 힘 있어 보인다. 넓적하고 미끈한 꼬리 부분은 둥글고 튼튼한 몸통을 받쳐 준다.

그 삼엽충은 약4억 4천만 년 전 고생대 오르도비스기 당시 오늘날의 오하이오 주가 된 지역이 얕은 바다였을 무렵 그 지역에서 살았다. 지적 재산권(知的財産權)을 엄격하게 따지는 미국사람들도 그 삼엽충 카드에는 복사 금지 조항이 없어 얼마든지 복사하도록 허락하고 있는 것으로 보아 그 화석을 광고하려 한다는 것을 알 수 있다.

이런 점에서 우리의 지방 자치 단체도 그렇게 못할 이유가 없다. 강원도 등 탄광 지대에서 많이 나오는 고생대 동·식물화석, 포항에서 많이 나오는 신생대 동·식물화석과 규화목화석, 제주도 서귀포에서 나오는 신생대 동물화석, 경상남·북도에서 많이 나오는 공룡발자국화석, 전라남도 해남군의 익룡발자국화석도 좋은 재료가 될 것이다.

그 지역에서만 나오는 좋은 화석을 천연기념물이나 그 지방의 공식 화석으로 지정하고 그 화석 사진과 간단한 고생물학적—지질학적 설명을 넣어서 엽서를 만들면 좋을 것이다. 지방 자치 단체에서 사용하는 모든 간단한 우편 연락은 그 엽서만을 사용하게 하면 멀지 않아 공식 화석이 많은 사람들에게 소개되고 학생들은 좋은 자연 공부도 할 것이다.

화석 동호인회

대구에는 우리나라에서 유일한 것으로 믿어지는 '화석 동호인회' 가 있다. 이 모임은 주로 경상북도와 대구에 살면서 화석에 뜻이 있는 분들이 모여 1991년 10월에 만들었다고 한다. 회원은 20여 명이며 회원의 생업도 다양하다. 중등학교의 과학 내지는 지구과학 선생님들이 제일 많으나 선생님들 외에도 생물학, 화학, 교육학 등 비(非)지구과학 분야에 종사하는 분들, 음식점 경영과 공장 사장 등 사업가도 여러 분이 참여한다.

이 분들은 화석의 중요성을 잘 알고 있어서 1993년 여름에는 「조선일보」에 화석과 화석 산지 보호에 관한 글도 투고하는 등 화석 보호의 목소리를 높이고 있다. 이 분들은 한 달에 한 번씩 하루 또는 1박 2일로 함께 경상남·북도에서 화석을 채집한다.

일반인들이 화석 자체와 화석 산지 보호에 관심을 갖는 것은 반가운 일이다. 그만큼 우리 사회에도 이제는 자연의 신비에 감동할 줄 아는 사람이 많아졌기 때문이다. 그들의 노력으로 미발견된 화석이 발견되고 또 보호받으면 이는 바람직한 일이 될 것이다. 한 가지 우려를 표한다면 일부 선진국에서처럼 화석 수집을 이유로 학술 연구에 필요한 화석까지 무분별하게 수집하거나 우발적으로 훼손하는 일이 없기를 빌 따름이다.

우리나라 최초의 사설 화석 박물관

경보화석 박물관은 경상북도 영덕군 남정면 장사해수욕장 1킬로미터 북쪽에 있으며 우리나라에서는 처음으로 개인이 세운 화석 전문 박물관이다.

아름답고 신기한 화석이 너무나 많아

이 박물관에는 이름에 걸맞게 규화목 수십 점을 비롯하여 1천5백 점 가량의 화석이 진열되어 있다. 화석의 종류는 암몬조개, 물고기, 삼엽충, 해백합, 성게, 공룡 알, 작은 파충류화석, 식물, 곤충 등등 이루 말할 수 없이 많다. 이 박물관 소장품의 대부분은 보존 상태가 아주 좋고 상품으로 판매하려고 예쁘게 멋을 낸 것들이다.

반짝반짝 윤이 나도록 연마한 규화목 의자들도 몇 개나 볼 수 있다. 나무의 조직이 나이테 같은 원형이 아니라 방사상으로 된 규화목도 있어 흔히 생각하는 나무와는 다른 계통의 나무가 화석이 되었다는 것을 알 수 있다. 규화목이나 큰 화석들은 무게도 상당할 터인데 하나도 흠이 없는 것으로 보아 옮길 때에도 상당히 조심했음을 알 수 있다. 규화목의 크기도 엄청나 굵기가 한 아름이 넘고 길이가 2미터가 넘는 것도 있다.

암몬조개는 우리가 흔히 생각하는 둥근 종류와 그 조상인 직선형 암몬조개 등 수십 점이 있다. 크기도 손바닥 만한 것이 아니라 지름이 30센티미터 이상이나 되는 큼직한 것이며 봉합선도 아주 예쁘고 뚜렷하게 발달되었다. 박물관 입구에 있는 직선형 두족류와 초기 암몬조개를 부조(浮彫)한 커다란 화석 덩어리도 볼 만하다.

그린 리버 지층에서 나오는 보존이 잘 되기로 유명한 물고기화석을 볼

해백합 고생대 극피동물류의 해백합화석으로 현생종도 다양하다. 미국 인디아나 산출. 경보화석 박물관.

가오리화석　꼬리가 치명적인 무기였을 것으로 추정되는 신생대의 노랑가오리화석이다. 미국 와이오밍 산출. 경보화석 박물관.

두족류와 암몬조개 고생대의 직선형 두족류와 원시 암몬조개가 함께 섞여 있는 화석이다.
경보화석 박물관.

규화목 마치 통나무처럼 보이는 규화목으로 껍질을 비롯한 나무 조직이 그대로 남아 있다. 경보화석 박물관.

매머드 이 이빨의 면이 빨래판처럼 생겨 풀을 갈아 먹기에 좋다. 초식동물의 전형적인 어금니로 1만 년 전 멸종한 신생대 표준화석이다.

수도 있으며 독일에서 나온 가는 수염이 그대로 보존된 새우화석도 신기하다. 1억 년 된 브라질의 큼직한 물고기화석도 놓쳐서는 안 된다. 삼엽충화석은 손바닥 크기보다 훨씬 큰 것도 있으며 모로코의 약 4억 년 된 지층에서 나온, 아주 가늘고 긴 몸체 부분이 하나도 상하지 않은 채 화석이 된

성게류화석 꽃잎 모양의 자국이 있는 신생대 극피동물인 성게화석이다. 유럽 산출. 경보화석 박물관.

삼엽충도 볼 수 있다. 보존이 아주 잘 된 열한 개의 공룡 알이 모여 있는 알둥우리도 있다. 길쭉한 공룡 알 몇 개와 공룡발자국화석도 있다. 포유동물의 커다란 어금니화석과 머리뼈화석도 볼 수 있다.

단지 소장품을 나열만 한 채 설명이 거의 없어 전시품에 비해 교육 효과가 떨어지는 것이 유감스럽다. 또 우리나라 화석이 그렇게 많지 않다는 것이 눈에 띈다. 그러나 이는 시간이 가면서 해결되리라 믿는다.

첨언하면 우리가 화석을 모을 때에는 적어도 화석이 나온 위치와 지질시대를 알아야 한다. 그렇지 않으면 화석은 그저 보기 드문 돌멩이고 글자 그대로 '생물의 유해'일 따름이다.

물고기화석　날카로운 가시 지느러미가 특징적인 신생대 어류화석이다. 미국 와이오밍 산출. 경보화석 박물관.

암몬조개　중생대 쥐라기 지층에서 발견된 화석으로 모든 소용돌이가 느슨하게 감겨 있다. 유럽 산출. 경보화석 박물관.

  그러므로 가게에서 화석을 살 때에도 두 가지 사실을 빠뜨려서는 안 된
다. 정확하게는 몰라도 대략적인 발견 위치와 지질 시대를 반드시 알아야
한다.

모암에 박힌 다이아몬드 원석도 있어

  경보화석 박물관에서는 화석 외에도 신기한 지질학적 표본을 볼 수 있
다. 중국에서 나온 킴벌라이트(Kimberlite)에 박힌 새끼손가락 끝만한 커
다란 다이아몬드 원석도 볼 수 있다. 대개의 다이아몬드 원석은 둥그스름
한 정8면체로 나오나 여기에서는 결정면이 수십 개로, 아주 잘 깎은 모양

의 결정으로 나온다. 결정면 위에 보이는 아주 작은 다각형은 다이아몬드가 결정될 때의 상태를 보여 주어 신기하기만 하다. 중국 지질학자들은 1980년대 말 중국 내륙 지방에서 다이아몬드의 모암(母岩)인 킴벌라이트와 다이아몬드를 발견했다.

스페인에서 나온 한 변의 길이가 거의 4센티미터나 되는 정6면체의 커다란 황철석 결정도 볼 만하다. 황철석이 정6면체로 나온다는 것은 잘 알려진 사실이나 어떻게 그렇게 크면서도 완전한 정6면체로 나올 수 있는지 정말 대자연의 조화가 신기할 따름이다. 대개의 황철석 결정은 정6면체로 나오지만 결정의 크기가 작고 엉켜서 나오는 수가 많기 때문이다.

5년 동안 준비하고 15년 동안 모은 화석들

이 박물관을 세운 분은 건설업을 하는 분으로 취미 삼아 수석을 모았다고 한다. 그러나 어느 날 친구가 보여 주는 물고기화석을 보고 '아! 그것이 아니고 이것이구나'라고 감탄하면서 자신의 계획을 바꿔 화석을 수집하기로 했다고 한다. 처음에는 화석을 어디에서 어떻게 구하는지 몰라 외국 박물관을 찾아다녔는데 시간이 많이 걸렸다.

실제 박물관에 전시한 화석들은 5년 동안 준비하고 15년 동안 모은 것들이다. 그는 자신에게 트럭과 기중기 등이 있어 국내 어디라도 좋은 화석이나 수석이 있다면 멀다 하지 않고 달려가 운반했다. 처음에는 취미로 모아들이기 시작했으나 워낙 많아져 이제는 개인이 화석 박물관을 차리기에 이른 것이다.

1996년 6월 26일 개관한 경보화석 박물관은 소장품이 아주 많은 것으로 생각된다. 이 박물관은 개인이 세운 화석 전문 박물관이라는 점에서는 우리나라 박물관 역사와 고생물학 연구 역사에 남을 획기적인 일이다.

화석이 전시된 아래층의 휴게실에서는 사람, 짐승, 꽃, 산, 건물 등등을 닮은 크고 작은 신기한 수석 기백 점을 볼 수 있다. 또한 이 박물관을 설립한 분은 이 박물관에 진열된 양의 두세 배의 화석을 지하실에 보관하고 있어 다른 곳에도 박물관을 세울 준비를 하고 있다고 한다. 이런 분의 노력으로 사람들은 자연의 신비에 감동하고 우리나라의 고생물학과 지질학이 발전할 것이다.

혹시 독자 가운데 포항에서 동해안을 따라 영덕 쪽으로 올라가거나 영덕에서 내려올 일이 있으면 반드시 장사 휴게소에 있는 경보화석 박물관을 가보기를 권한다. 아니 경주나 포항 등 그 부근에만 갈 일이 있어도 어떻게 해서라도 틈을 내어 찾아가기를 권한다. 아무리 화석이나 고생물에 무심한 사람이라도 그 박물관에 전시된 아름답고 신기한 화석들을 보면 대자연의 신비에 감탄할 것이며 후회하지 않으리라 확신한다. 어른들이 가도 좋지만 가능하면 아이들을 데리고 가기를 권한다. 아이들은 어른이 감격하고 느끼는 것의 몇 배를 감격하고 느끼고 배우며 그 감격은 그들의 뇌리 속에 오래 남아 있을 것이다.